中华人民共和国建设部

市政工程投资估算指标

第七册　燃 气 工 程

HGZ 47–107–2007

中 国 计 划 出 版 社

北　　京

图书在版编目(CIP)数据

市政工程投资估算指标．第7册,燃气工程．HGZ 47－107－2007/建设部标准定额研究所主编．—北京：中国计划出版社，2007.11(2021.4重印)

ISBN 978－7－80242－021－2

Ⅰ．市…　Ⅱ．建…　Ⅲ．①市政工程—工程造价—估算—中国②燃气—市政工程—工程造价—估算—中国　Ⅳ．TU723.3　TU996

中国版本图书馆CIP数据核字(2007)第155389号

市政工程投资估算指标

第七册　燃气工程

HGZ 47－107－2007

建设部标准定额研究所　主编

中国计划出版社出版发行

网址：www.jhpress.com

地址：北京市西城区木樨地北里甲11号国宏大厦C座3层

邮政编码：100038　电话：(010)63906433（发行部）

三河富华印刷包装有限公司印刷

880mm×1230mm　1/16　10.25印张　281千字

2007年11月第1版　2021年4月第2次印刷

印数6001—7000册

ISBN 978-7-80242-021-2

定价：22.00元

主编部门：中华人民共和国建设部

批准部门：中华人民共和国建设部

执行日期：2007 年 12 月 1 日

建　设　部
关于印发《市政工程投资估算指标》的通知

建标［2007］163 号

为合理确定和控制市政工程投资，满足市政建设项目编制项目建议书和可行性研究报告投资估算的需要，我部制定了《市政工程投资估算指标》(《第一册　道路工程》、《第三册　给水工程》、《第七册　燃气工程》、《第八册　集中供热热力网工程》)，编号分别为 HGZ 47-101-2007、HGZ 47-103-2007、HGZ 47-107-2007、HGZ 47-108-2007，现印发给你们。自 2007 年 12 月 1 日起施行。我部 1996 年发布的《全国市政工程投资估算指标》同时废止。

《市政工程投资估算指标》由建设部标准定额研究所组织中国计划出版社出版发行。

请你们认真贯彻执行，并将工作中的问题和建议反馈建设部标准定额司。

中华人民共和国建设部

二〇〇七年六月二十六日

前　　言

根据建设部“关于印发《二〇〇三年工程项目建设标准、投资估算指标、建设项目评价方法与参数编制项目计划》的通知要求”，我部制定了《市政工程投资估算指标》（以下简称《指标》），本《指标》包括《第一册　道路工程》、《第二册　桥梁工程》、《第三册　给水工程》、《第四册　排水工程》、《第五册　防洪堤防工程》、《第六册　隧道工程》、《第七册　燃气工程》、《第八册　集中供热热力网工程》、《第九册　路灯工程》、《第十册　垃圾处理工程》、《第十一册　地铁工程》。2007 年 6 月 26 日我部首先批准了其中四册（第一册、第三册、第七册、第八册）。《指标》的制定发布将对合理确定和控制市政工程投资，满足市政建设项目编制项目建议书和可行性研究报告投资估算的需要起到积极的作用。

本《指标》由建设部标准定额研究所负责管理和解释，请各单位在执行过程中，注意积累资料，认真总结经验，将有关意见及时反馈标准定额研究所。

本《指标》的主编单位、参编单位：

主编单位：建设部标准定额研究所

参编单位：北京市建设工程造价管理处
北京城建设计研究总院有限责任公司
天津市建设工程定额管理研究站
天津市市政工程经济技术定额研究站
上海市建设工程标准定额管理总站
上海市市政工程定额管理站
上海市政工程设计研究总院
上海市隧道工程轨道交通设计研究院
重庆市建设工程造价管理总站
河北省工程建设造价管理总站
辽宁省建设工程造价管理总站
安徽省建设工程造价管理总站

前 言

总 说 明

为了合理确定和控制市政工程投资，满足建设项目编制项目建议书和投资估算的需要，提高建设工程投资效果，制定《市政工程投资估算指标》(以下简称本指标)。

一、本指标依据建设部“关于印发《二〇〇三年工程项目建设标准、投资估算指标、建设项目评价方法与参数编制项目计划》的通知”下达的编制计划，以现行全国市政工程设计标准、质量验收规范和建设部、财政部“关于印发《建筑安装工程费用项目组成》的通知”(建标〔2003〕206 号)、《建设项目总投资及其他费用项目组成规定》(送审稿)，以及预算定额、工期定额为依据，在《全国市政工程投资估算指标》(1996 年)的基础上，结合近年有代表性的已竣工典型工程项目的相关资料进行编制。

二、本指标适用于新建、改建、扩建的市政工程项目。

三、本指标是建设项目建议书、可行性研究报告阶段编制投资估算的依据；是多方案比选、优化设计、合理确定投资的基础；是开展项目评价、控制初步设计概算、推行限额设计的参考。

四、本指标共十一册。包括《第一册　道路工程》、《第二册　桥梁工程》、《第三册　给水工程》、《第四册　排水工程》、《第五册　防洪堤防工程》、《第六册　隧道工程》、《第七册　燃气工程》、《第八册　集中供热热力网工程》、《第九册　路灯工程》、《第十册　垃圾处理工程》、《第十一册　地铁工程》。

五、本指标分综合指标和分项指标。综合指标包括建筑安装工程费、设备购置费、工程建设其他费用、基本预备费；分项指标包括建筑安装工程费、设备购置费。

(一)建筑安装工程费由直接费和综合费用组成。直接费由人工费、材料费、机械费组成。将《建筑安装工程费用项目组成》中的措施费(环境保护、文明施工、安全施工、临时设施、夜间施工的内容)按比例(见费率取定表)分别摊入人工费、材料费和机械费。二次搬运、大型机械设备进出场及安装拆除、混凝土和钢筋混凝土模板及支架、脚手架编入直接工程费。综合费用由间接费、利润和税金组成。

(二)设备购置费依据设计文件规定，其价格由设备原价+设备运杂费组成，设备运杂费指除设备原价之外的设备采购、运输、包装及仓库保管等方面支出费用的总和。

(三)工程建设其他费用包括：建设管理费、可行性研究费、研究试验费、勘察设计费、环境影响评价费、场地准备及临时设施费、工程保险费、联合试运转费、生产准备及开办费。按国家现行有关统一规定程序计算。

(四)预备费包括基本预备费和价差预备费。基本预备费系指在投资估算阶段不可预见的工程费用。

六、本指标的编制期价格、费率取定：

(一)价格取定。人工工资综合单价按北京地区 2004 年 31.03 元/工日；材料价格、机械台班单价按北京地区 2004 年价格。

(二)费率取定。

1. 将措施费分别摊入人工费、材料费和机械费。措施费费率见下表。

项目	道路	桥梁	给水	排水	防洪堤防	隧道		燃气	热力	路灯
						岩石	软土			
费率(%)	4.10	4.40	6.00	6.00	4.00	5.08	5.08	6.00	4.00	4.00

计费基数：人工费+材料费+机械费。

分摊比例：其中人工费 8% ，材料费 87%，机械费 5%，分别按比例计算。

2. 综合费用费率见下表。

项目	道路	桥梁	给水	排水	防洪堤防	隧道		燃气	热力	路灯
						岩石	软土			
费率（%）	22.78	22.90	21.30	21.30	21.00	27.68	27.68	21.30	21.30	21.00

计费基数：估算指标直接费。

3. 工程建设其他费用费率。工程建设其他费用费率按 10% ~ 15%确定。具体数值由各册根据专业以及国家规定的收费标准测算确定，并在册说明中说明。

计费基数：建筑安装工程费+设备购置费。

4. 基本预备费费率按 8%确定。

计费基数：建筑安装工程费+设备购置费+工程建设其他费用。

5.《第十册　垃圾处理工程》、《第十一册　地铁工程》的费率见分册说明。

七、本指标计算程序见下表。

综合指标计算程序

序号	项　　目	取费基数及计算式
	指标基价	一+二＋三＋四
一	建筑安装工程费	4+5
1	人工费小计	—
2	材料费小计	—
3	机械费小计	—
4	直接费小计	1+2+3
5	综合费用	4×综合费用费率
二	设备购置费	原价+设备运杂费
三	工程建设其他费用	（一+二）×工程建设其他费用费率
四	基本预备费	（一+二+三）×8%

分项指标计算程序

序号	项　　目	取费基数及计算式
	指标基价	一+二
一	建筑安装工程费	（四）+（五）
1	人工费	—
2	措施费分摊	（1+3+5）×措施费费率×8%
（一）	人工费小计	1+2
3	材料费	—
4	措施费分摊	（1+3+5）×措施费费率×87%
（二）	材料费小计	3+4
5	机械费	—
6	措施费分摊	（1+3+5）×措施费费率×5%
（三）	机械费小计	5+6
（四）	直接费小计	（一）+（二）+（三）
（五）	综合费用	（四）×综合费用费率
二	设备购置费	原价+设备运杂费

八、本指标的使用。本指标中的人工、材料、机械费的消耗量原则上不作调整。使用本指标时可按指标消耗量及工程所在地当时当地市场价格并按照规定的计算程序和方法调整指标，费率可参照指标确定，也可按各级建设行政主管部门发布的费率调整。

具体调整办法如下：

（一）建筑安装工程费的调整。

1. 人工费：以指标人工工日数乘以当时当地造价管理部门发布的人工单价确定。

2. 材料费：以指标主要材料消耗量乘以当时当地造价管理部门发布的相应材料价格确定。

$$其他材料费=指标其他材料费\times\frac{调整后的主要材料费}{指标（材料费小计-其他材料费-材料费中措施费分摊）}$$

3. 机械费：列出主要机械台班消耗量的调整方式：以指标主要机械台班消耗量乘以当时当地造价管理部门发布的相应机械台班价格确定。

$$其他机械费=指标其他机械费\times\frac{调整后的主要机械费}{指标（机械费小计-其他机械费-机械费中措施费分摊）}$$

未列出主要机械台班消耗量的调整方式：

$$机械费=指标机械费\times\frac{调整后的（人工费+材料费）}{指标（人工费+材料费）}$$

4. 直接费：调整后的直接费为调整后的人工费、材料费、机械费之和。

5. 综合费用：综合费用的调整应按当时当地不同工程类别的综合费率计算。计算公式如下：

综合费用=调整后的直接费×当时当地的综合费率

6. 建筑安装工程费：

建筑安装工程费=调整后的（直接费+综合费用）

（二）设备购置费的调整。指标中列有设备购置费的，按主要设备清单，采用当时当地的设备价格或上涨幅度进行调整。

（三）工程建设其他费用的调整。工程建设其他费用的调整，按国家规定的不同工程类别的工程建设其他费用费率计算。计算公式如下：

工程建设其他费用=调整后的（建筑安装工程费+设备购置费）

×国家规定的工程建设其他费用费率

（四）基本预备费的调整。

基本预备费=调整后的（建筑安装工程费+设备购置费+工程建设其他费用）

×基本预备费费率

（五）指标基价的调整。

指标基价=调整后的（建筑安装工程费+设备购置费+工程建设其他费用

+基本预备费）

九、建设项目投资估算编制。编制建设项目投资估算，应按上述办法调整。指标中未列费用可根据有关规定调整。

十、本指标中指标编号为“×Z-×××”或“×F-×××”，除注明用英文字母表示外，均用阿拉伯数字表示。

其中：“-”线前部分×表示分册，Z表示综合指标，F表示分项指标；

“-”线后部分×××表示划分序号，同一部分顺序编号。

十一、本指标中注明“××以内”或“××以下”者，均包括××本身；而注明“××以外”或“××以上”者，均不包括××本身。

册 说 明

一、《市政工程投资估算指标》第七册“燃气工程”（以下简称本册指标），是根据国家城镇燃气设计规范、施工验收规范，以及现行有关国家产品标准、质量评定标准、安全操作规程，并参考了行业标准、地方标准以及有代表性的工程设计、施工和其他资料，结合全国主要城市和部分地区近年来市政燃气工程有代表性的典型施工图和施工组织方案等有关工程数据，经分析测算后进行编制的。

二、本册指标适用于城镇燃气（工作压力<4.0MPa）输配管网工程。

三、燃气输配管网工程是指从城市总门站（或站出口）到庭院分界处为止的管道工程，不包括庭院管网和户内管网工程。

四、本册指标主要依据的标准、规范有：

1.《城镇燃气设计规范》(GB 50028—2006)；

2.《城镇燃气输配工程施工及验收规范》(CJJ 33—2005)；

3.《聚乙烯燃气管道工程技术规程》(CJJ 63—95)；

4.《输气管道工程设计规范》(GB 50251—2003)；

5.《城镇燃气埋地钢质管道腐蚀控制技术规程》(CJJ 95—2003)；

6.《钢质管道及储罐腐蚀控制技术规程》(SY 0007—99)；

7.《埋地钢质管道阴极保护参数测试方法》(SYJ 0023—96)；

8.《埋地钢质管道牺牲阳极保护设计规范》(SY/T 0019—97)；

9.《阴极保护管道的电绝缘标准》(SY/T 0086—2003)；

10.《长输管道阴极保护工程施工及验收规范》(SYJ 4006—90)；

11.《埋地钢质检查片腐蚀速率测试方法》(SY/T 0029—98)；

12. 建设部、财政部文件“关于印发《建筑安装工程费用项目组成》的通知”(建标[2003]206 号)；

13.《全国市政工程投资估算指标》(1996 年)；

14.《全国统一市政工程预算定额》(1999 年)；

15.《全国统一安装工程预算定额》(2000 年)。

五、本册指标包括三个部分：

（一）综合指标是以燃气输配管网工程项目为依据，按供气规模划分，反映每日每万立方米单位投资指标估算价格。

（二）分项指标是以燃气输配管网工程主要结构部分为依据，分为管道工程、阀门井工程、调压站工程三大类，反映每公里管道敷设和每座阀门井、调压站的建筑安装工程投资指标估算价格。

（三）附录包括燃气输配管工程分项指标含量表；主要材料、机械台班、设备单价取定表；编制燃气工程投资估算应用案例。

六、相关说明：

1．本册指标“燃气管道埋设深度”是指管顶至地面点的埋设深度，即：

管道埋设深度=管沟深度－基础垫层厚度－管外直径

管沟深度= 基础垫层厚度＋管外直径＋管顶至地面深度

2．本册指标燃气管道工作压力 *P*（MPa）分高压和中低压管道两种，其划分范围为：

高压管道：　0.4 MPa<*P*<4.0MPa

中低压管道：*P*≤0.4MPa

3．本册指标中工程建设其他费用按 12%计算。

目　　录

1　燃气工程综合指标 …… (1)
说明 …… (3)
1.1　中低压输配管网工程 …… (4)
1.1.1　燃气输配管（钢管）埋设深度 1m 以内 …… (4)
1.1.2　燃气输配管（钢管）埋设深度 1.5m 以内 …… (5)
1.1.3　燃气输配管（钢管）埋设深度 2m 以内 …… (6)
1.1.4　燃气输配管（钢管）埋设深度 1.5m 以内(带支挡土板) …… (7)
1.1.5　燃气输配管（钢管）埋设深度 2m 以内(带支挡土板) …… (8)
1.1.6　燃气输配管（球墨铸铁管）埋设深度 1m 以内 …… (9)
1.1.7　燃气输配管（球墨铸铁管）埋设深度 1.5m 以内 …… (10)
1.1.8　燃气输配管（球墨铸铁管）埋设深度 2m 以内 …… (11)
1.1.9　燃气输配管（球墨铸铁管）埋设深度 1.5m 以内(带支挡土板) …… (12)
1.1.10　燃气输配管（球墨铸铁管）埋设深度 2m 以内(带支挡土板) …… (13)
1.1.11　燃气输配管（聚乙烯燃气管）埋设深度 1m 以内 …… (14)
1.1.12　燃气输配管（聚乙烯燃气管）埋设深度 1.5m 以内 …… (15)
1.1.13　燃气输配管（聚乙烯燃气管）埋设深度 2m 以内 …… (16)
1.1.14　燃气输配管（聚乙烯燃气管）埋设深度 1.5m 以内(带支挡土板) …… (17)
1.1.15　燃气输配管（聚乙烯燃气管）埋设深度 2m 以内(带支挡土板) …… (18)
1.2　高压输配管网工程 …… (19)
1.2.1　燃气输配管（钢管）埋设深度 1m 以内 …… (19)
1.2.2　燃气输配管（钢管）埋设深度 1.5m 以内 …… (20)
1.2.3　燃气输配管（钢管）埋设深度 2m 以内 …… (21)
1.2.4　燃气输配管（钢管）埋设深度 1.5m 以内(带支挡土板) …… (22)
1.2.5　燃气输配管（钢管）埋设深度 2m 以内(带支挡土板) …… (23)
2　燃气工程分项指标 …… (25)
说明 …… (27)
2.1　燃气输配管网管道工程 …… (30)
2.1.1　中低压管道工程 …… (30)
2.1.1.1　中低压管道（钢管）工程 …… (30)
（1）钢管埋设深度 1m 以内 …… (30)
（2）钢管埋设深度 1.5m 以内 …… (34)
（3）钢管埋设深度 2m 以内 …… (38)
（4）钢管埋设深度 1m 以内(带支挡土板) …… (42)
（5）钢管埋设深度 1.5m 以内(带支挡土板) …… (45)
（6）钢管埋设深度 2m 以内(带支挡土板) …… (49)
2.1.1.2　中低压管道（球墨铸铁管）工程 …… (53)
（1）球墨铸铁管埋设深度 1m 以内 …… (53)

（2）球墨铸铁管埋设深度 1.5m 以内……（56）
（3）球墨铸铁管埋设深度 2m 以内……（59）
（4）球墨铸铁管埋设深度 1m 以内(带支挡土板)……（62）
（5）球墨铸铁管埋设深度 1.5m 以内(带支挡土板)……（63）
（6）球墨铸铁管埋设深度 2m 以内(带支挡土板)……（66）
2.1.1.3 中低压管道（聚乙烯燃气管）工程……（69）
（1）聚乙烯燃气管埋设深度 1m 以内……（69）
（2）聚乙烯燃气管埋设深度 1.5m 以内……（71）
（3）聚乙烯燃气管埋设深度 2m 以内……（73）
（4）聚乙烯燃气管埋设深度 1.5m 以内(带支挡土板)……（75）
（5）聚乙烯燃气管埋设深度 2m 以内(带支挡土板)……（77）
2.1.2 高压管道（钢管）工程……（79）
2.1.2.1 钢管埋设深度 1m 以内……（79）
2.1.2.2 钢管埋设深度 1.5m 以内……（83）
2.1.2.3 钢管埋设深度 2m 以内……（87）
2.1.2.4 钢管埋设深度 1m 以内(带支挡土板)……（91）
2.1.2.5 钢管埋设深度 1.5m 以内(带支挡土板)……（94）
2.1.2.6 钢管埋设深度 2m 以内(带支挡土板)……（98）
2.2 燃气输配管网阀门井工程……（102）
2.2.1 钢制单阀井工程……（102）
2.2.2 聚乙烯单阀井工程……（104）
2.3 燃气输配管网调压站工程……（106）
2.3.1 单台雷诺式调压站工程……（106）
2.3.2 单台式 TMJ 型调压站工程……（107）
2.3.3 双台雷诺式调压站工程……（108）
2.3.4 双台式 TMJ 型调压站工程……（109）
附录……（111）
附录一 燃气输配管工程分项指标含量表……（113）
1 土方工程含量……（113）
附表 1–1 燃气输配管钢管管沟开挖计算表……（113）
附表 1–2 燃气输配管钢管管沟(带支挡土板）开挖计算表……（114）
附表 1–3 球墨铸铁管管沟开挖计算表……（115）
附表 1–4 球墨铸铁管管沟(带支挡土板）开挖计算表……（116）
附表 1–5 聚乙烯燃气管管沟开挖计算表……（117）
附表 1–6 聚乙烯燃气管管沟(带支挡土板）开挖计算表……（117）
附表 1–7 钢质管道阴极保护土方工程设置取定表……（118）
附表 1–8 钢制阀井构筑土建工程设置取定表……（119）
附表 1–9 聚乙烯阀井构筑土建工程设置取定表……（119）
2 管道安装工程含量……（120）
附表 1–10 中低压（钢管）安装工程设置取定表……（120）
附表 1–11 高压（钢管）安装工程含量表……（121）
附表 1–12 钢质管道阴极保护工程设置取定表……（122）

附表 1-13　中低压（球墨铸铁管）安装工程设置取定表……（123）
附表 1-14　中低压（聚乙烯燃气管）安装工程设置取定表……（124）
3　阀井、调压站工程设置取定……（125）
附表 1-15　钢制阀井安装设置取定表……（125）
附表 1-16　单台式调压站主要设备含量表……（126）
附表 1-17　双台式调压站主要设备含量表……（127）
附录二　主要材料、机械台班、设备单价取定表……（128）
附录三　编制燃气工程投资估算应用案例……（132）
1　综合指标应用案例……（132）
2　分项指标应用案例……（138）

1　燃气工程综合指标

说　　明

本章综合指标是以燃气输配管网工程项目为依据编制的。按供气规模划分，以日供燃气量（每万立方米）计算投资指标估算价格。

一、燃气输配管网工程按材质分钢管、球墨铸铁管、聚乙烯燃气管；按工作压力分高压和中低压；按管沟施工方式分有支挡土板和无支挡土板；按管顶至地面点分埋设深度 1m 以内、1.5m 以内、2m 以内。

二、燃气输配管网工程内容主要包括：土方工程、管道工程、阀门井工程、调压站建筑及安装工程等。

三、燃气输配管网工程的综合指标数据设置取定（参照 1996 年《全国市政工程投资估算指标 第七分册》含量）详见下表：

单位：万 m^3/d

序号	项　　目	单位	20 万 m^3/d	30 万 m^3/d	50 万 m^3/d
一	平均管径（*DN*300）	km	2.68	2.39	2.10
二	阀门井平均公称直径（*DN*300）	座	1.42	1.27	1.11
三	调压站（区域性调压站）	座	0.85	1.02	1.22
四	调压站建筑面积	m^2	32.50	32.50	32.50

四、各种材质管道、阀门井、调压站建筑及安装工程数据取定设置详见本册附录一附表 1-1~附表 1-16。

五、计算规则：

1. 燃气输配管网工程工作压力 P（MPa）划分范围为：

高压管道：　0.4MPa $< P <$ 4.0MPa

中低压管道：$P \leqslant$ 0.4MPa

2. 燃气输配管网工程按供气规模，分别以燃气管道埋设深度、工作压力等级、管道材质，以“每日每万立方米”为计量单位。

1.1 中低压输配管网工程

1.1.1 燃气输配管（钢管）埋设深度 1m 以内

工程内容： 管沟开挖，回填土方，余土外运，沟内警示带敷设，施工护栏设置，管道防腐，管道及附件、阴极保护、绝缘接头、测试桩安装，管道探伤、吹扫、试压，阀门井、调压站建筑及安装等。

单位：万 m^3/d

指标编号				7Z-001		7Z-002		7Z-003	
项目			单位	供气规模（万 m^3/d 以内）					
				20	占指标基价（%）	30	占指标基价（%）	50	占指标基价（%）
指标基价			元	2316639	100.00	2093437	100.00	1885766	100.00
一、建筑安装工程费			元	1873977	80.89	1681205	80.31	1499817	79.53
二、设备购置费			元	41234	1.78	49481	2.36	59183	3.14
三、工程建设其他费用			元	229825	9.92	207682	9.92	187080	9.92
四、基本预备费			元	171603	7.41	155069	7.41	139686	7.41
建筑安装工程费									
直接费	人工费	人工	工日	9645	—	8654	—	7656	—
		措施费分摊	元	6996	—	6276	—	5599	—
		人工费小计	元	306280	13.22	274810	13.13	243165	12.89
	材料费	无缝钢管（综合价）	t	102.67	—	91.79	—	80.94	—
		无缝钢管管件（综合价）	t	3.28	—	2.99	—	2.71	—
		球阀 *D*300	组	1.42	—	1.27	—	2.11	—
		放空阀 *D*32	组	1.42	—	1.27	—	2.11	—
		压力表	组	1.42	—	1.27	—	2.11	—
		绝缘接头 JY25 *DN*300	个	1.34	—	1.20	—	1.05	—
		防腐内胶带	m^2	5511.42	—	4915.04	—	4318.65	—
		防腐外胶带	m^2	4067.17	—	3627.06	—	3186.96	—
		镁阳极 MUG-3	kg	643.20	—	573.60	—	504.00	—
		玻璃钢测试桩	个	5.36	—	4.78	—	4.20	—
		长效参比电极	支	5.36	—	4.78	—	4.20	—
		警示带(20#通用型)	km	2.89	—	2.58	—	2.27	—
		铸铁井座、井盖	套	1.42	—	1.27	—	1.11	—
		商品混凝土 C20	m^3	9.06	—	8.88	—	8.70	—
		标准砖	千块	16.91	—	16.54	—	16.15	—
		板方材	m^3	0.64	—	0.64	—	0.64	—
		其他材料费	元	185963	—	168342	—	150824	—
		措施费分摊	元	76080	—	68253	—	60889	—
		材料费小计	元	1130525	48.80	1013673	48.42	906245	48.06
	机械费	缠绕机	台班	74.00	—	65.99	—	57.98	—
		直流电焊机 20kW	台班	273.65	—	247.73	—	223.91	—
		超声波探伤机 CTS-26	台班	7.19	—	6.61	—	6.05	—
		X 光探伤机 TX-2505	台班	3.91	—	4.69	—	5.61	—
		空压机 $6m^3/min$	台班	9.05	—	8.11	—	7.16	—
		载重汽车 5t	台班	8.11	—	7.23	—	6.36	—
		汽车起重机 5t	台班	90.29	—	80.52	—	70.86	—
		自卸汽车 4.5t	台班	20.27	—	18.07	—	16.43	—
		其他机械费	元	30114	—	27491	—	24577	—
		措施费分摊	元	4372	—	3923	—	3499	—
		机械费小计	元	108106	4.67	97506	4.66	87043	4.62
	直接费小计		元	1544911	—	1385989	—	1236453	—
综合费用			元	329066	14.20	295216	14.10	263364	13.97
合计			元	1873977	—	1681205	—	1499817	—

1.1.2　燃气输配管（钢管）埋设深度 1.5m 以内

工程内容：管沟开挖，回填土方，余土外运，沟内警示带敷设，施工护栏设置，管道防腐，管道及附件、阴极保护，绝缘接头，测试桩安装，管道探伤、吹扫、试压，阀门井、调压站建筑及安装等。

单位：万 m^3/d

指标编号				7Z-004		7Z-005		7Z-006	
项目			单位	供气规模（万 m^3/d 以内）					
				20	占指标基价（%）	30	占指标基价（%）	50	占指标基价（%）
指标基价			元	2532785	100.00	2286207	100.00	2042029	100.00
一、建筑安装工程费			元	2052669	81.04	1840571	80.51	1629003	79.77
二、设备购置费			元	41234	1.63	49481	2.16	59183	2.90
三、工程建设其他费用			元	251268	9.92	226806	9.92	202582	9.92
四、基本预备费			元	187614	7.41	169349	7.41	151261	7.41
建筑安装工程费									
直接费	人工费	人工	工日	14102	—	12629	—	11158	—
		措施费分摊	元	7663	—	6871	—	6081	—
		人工费小计	元	445248	17.58	398749	17.44	352314	17.25
	材料费	无缝钢管（综合价）	t	102.67	—	91.79	—	80.94	—
		无缝钢管管件（综合价）	t	3.28	—	2.99	—	2.71	—
		球阀 *D*300	组	1.42	—	1.27	—	1.11	—
		放空阀 *D*32	组	1.42	—	1.27	—	1.11	—
		压力表	组	1.42	—	1.27	—	1.11	—
		绝缘接头 JY25 *DN*300	个	1.34	—	1.20	—	1.05	—
		防腐内胶带	m^2	5511.42	—	4915.04	—	4318.65	—
		防腐外胶带	m^2	4067.17	—	3627.06	—	3186.95	—
		镁阳极 MUG-3	kg	643.20	—	573.60	—	504.00	—
		玻璃钢测试桩	个	5.36	—	4.78	—	4.20	—
		长效参比电极	支	5.36	—	4.78	—	4.20	—
		警示带($20^{\#}$通用型)	km	2.89	—	2.58	—	2.27	—
		铸铁井座、井盖	套	1.42	—	1.27	—	1.11	—
		商品混凝土 C20	m^3	9.06	—	8.88	—	8.70	—
		标准砖	千块	16.91	—	16.54	—	16.15	—
		板方材	m^3	0.64	—	0.64	—	0.64	—
		其他材料费	元	186638	—	168944	—	151353	—
		措施费分摊	元	83334	—	74723	—	66134	—
		材料费小计	元	1138454	44.95	1020745	44.65	903295	44.24
	机械费	缠绕机	台班	74.00	—	65.99	—	57.98	—
		直流电焊机 20kW	台班	273.65	—	247.73	—	222.22	—
		超声波探伤机 CTS-26	台班	7.19	—	6.61	—	6.05	—
		X 光探伤机 TX-2505	台班	3.91	—	4.69	—	5.61	—
		空压机 $6m^3/min$	台班	9.09	—	8.11	—	7.16	—
		载重汽车 5t	台班	8.11	—	7.23	—	6.35	—
		汽车起重机 5t	台班	90.29	—	80.52	—	70.75	—
		自卸汽车 4.5t	台班	20.27	—	18.07	—	15.88	—
		其他机械费	元	30109	—	27491	—	24929	—
		措施费分摊	元	4789	—	4294	—	3801	—
		机械费小计	元	108523	4.28	97877	4.28	87345	4.28
	直接费小计		元	1692225	—	1517371	—	1342954	—
综合费用			元	360444	14.23	323200	14.14	286049	14.01
合计			元	2052669	—	1840571	—	1629003	—

1.1.3 燃气输配管（钢管）埋设深度 2m 以内

工程内容：管沟开挖，回填土方，余土外运，沟内警示带敷设，施工护栏设置，管道防腐，管道及附件阴极保护、绝缘接头、测试桩安装，管道探伤、吹扫、试压，阀门井、调压站建筑及安装等。

单位：万 m^3/d

指标编号			7Z-007		7Z-008		7Z-009	
项目		单位	供气规模（万 m^3/d 以内）					
			20	占指标基价（%）	30	占指标基价（%）	50	占指标基价（%）
指标基价		元	2743946	100.00	2474421	100.00	2207421	100.00
一、建筑安装工程费		元	2227240	81.17	1996172	80.67	1765735	79.99
二、设备购置费		元	41234	1.50	49481	2.00	59183	2.68
三、工程建设其他费用		元	272217	9.92	245478	9.92	218990	9.92
四、基本预备费		元	203255	7.41	183290	7.41	163513	7.41
建筑安装工程费								
直接费 人工费	人工	工日	18476	—	16529	—	14585	—
	措施费分摊	元	8315	—	7452	—	6592	—
	人工费小计	元	581625	21.20	520347	21.03	459165	20.80
材料费	无缝钢管（综合价）	t	102.67	—	91.79	—	80.94	—
	无缝钢管管件（综合价）	t	3.28	—	2.99	—	2.71	—
	球阀 *D*300	组	1.42	—	1.27	—	1.11	—
	放空阀 *D*32	组	1.42	—	1.27	—	1.11	—
	压力表	组	1.42	—	1.27	—	1.11	—
	绝缘接头 JY25 *DN*300	个	1.34	—	1.20	—	1.05	—
	防腐内胶带	m^2	5511.42	—	4915.04	—	4318.65	—
	防腐外胶带	m^2	4067.17	—	3627.06	—	3186.96	—
	镁阳极 MUG-3	kg	643.20	—	573.60	—	504.00	—
	玻璃钢测试桩	个	5.36	—	4.78	—	4.20	—
	长效参比电极	支	5.36	—	4.78	—	4.20	—
	警示带（20#通用型）	km	2.89	—	2.58	—	2.27	—
	铸铁井座、井盖	套	1.42	—	1.27	—	1.11	—
	商品混凝土 C20	m^3	9.06	—	8.88	—	8.70	—
	标准砖	千块	16.91	—	16.54	—	16.15	—
	板方材	m^3	0.64	—	0.64	—	0.64	—
	其他材料费	元	186683	—	168944	—	151353	—
	措施费分摊	元	90421	—	81040	—	71685	—
	材料费小计	元	1145586	41.75	1027062	41.50	908847	41.17
机械费	缠绕机	台班	74.00	—	65.99	—	57.98	—
	直流电焊机 20kW	台班	273.65	—	247.73	—	222.22	—
	超声波探伤机 CTS-26	台班	7.19	—	6.61	—	6.05	—
	X 光探伤机 TX-2505	台班	3.91	—	4.69	—	5.61	—
	空压机 $6m^3/min$	台班	9.05	—	8.11	—	7.16	—
	载重汽车 5t	台班	8.11	—	7.23	—	6.35	—
	汽车起重机 5t	台班	90.29	—	80.52	—	70.75	—
	自卸汽车 4.5t	台班	20.27	—	18.07	—	15.88	—
	其他机械费	元	30114	—	27491	—	24929	—
	措施费分摊	元	5197	—	4657	—	4120	—
	机械费小计	元	108931	3.97	98240	3.97	87664	3.97
直接费小计		元	1836142	—	1645649	—	1455676	—
综合费用		元	391098	14.25	350523	14.17	310059	14.05
合计		元	2227240	—	1996172	—	1765735	—

1.1.4 燃气输配管（钢管）埋设深度 1.5m 以内(带支挡土板）

工程内容： 管沟开挖，回填土方，钢支挡土板搭拆，余土外运，沟内警示带敷设，施工护栏设置，管道防腐，管道及附件、阴极保护、绝缘接头、测试桩安装，管道探伤、吹扫、试压，阀门井、调压站建筑及安装等。

单位：万 m^3/d

指标编号				7Z-010		7Z-011		7Z-012	
项目			单位	供气规模（万 m^3/d 以内）					
				20	占指标基价（%）	30	占指标基价（%）	50	占指标基价（%）
指标基价			元	2620626	100.00	2364368	100.00	2110856	100.00
一、建筑安装工程费			元	2125289	81.10	1905189	80.58	1685903	79.87
二、设备购置费			元	41234	1.57	49481	2.09	59183	2.80
三、工程建设其他费用			元	259983	9.92	234560	9.92	209410	9.92
四、基本预备费			元	194120	7.41	175138	7.41	156360	7.41
建筑安装工程费									
直接费	人工费	人工	工日	13619	—	12195	—	10780	—
		措施费分摊	元	7934	—	7112	—	6294	—
		人工费小计	元	430532	16.43	385523	16.31	340797	16.15
	材料费	无缝钢管（综合价）	t	102.67	—	91.79	—	80.94	—
		无缝钢管管件（综合价）	t	3.28	—	2.99	—	2.71	—
		球阀 *D*300	组	1.42	—	1.27	—	1.11	—
		放空阀 *D*32	组	1.42	—	1.27	—	1.11	—
		压力表	组	1.42	—	1.27	—	1.11	—
		绝缘接头 JY25 *DN*300	个	1.34	—	1.20	—	1.05	—
		防腐内胶带	m^2	5511.42	—	4915.04	—	4318.65	—
		防腐外胶带	m^2	4067.17	—	3627.06	—	3186.96	—
		镁阳极 MUG-3	kg	643.20	—	573.60	—	504.00	—
		玻璃钢测试桩	个	5.36	—	4.78	—	4.20	—
		长效参比电极	支	5.36	—	4.78	—	4.20	—
		警示带(20#通用型)	km	2.89	—	2.58	—	2.27	—
		铸铁井座、井盖	套	1.42	—	1.27	—	1.11	—
		商品混凝土 C20	m^3	9.06	—	8.88	—	8.70	—
		标准砖	千块	16.91	—	16.54	—	16.15	—
		板方材	m^3	6.83	—	6.16	—	5.49	—
		钢挡土板	t	9.49	—	8.46	—	7.43	—
		其他材料费	元	221889	—	200380	—	178975	—
		措施费分摊	元	86282	—	77347	—	68444	—
		材料费小计	元	1212868	46.28	1087091	45.98	961587	45.55
	机械费	缠绕机	台班	74.00	—	65.99	—	57.98	—
		直流电焊机 20kW	台班	273.65	—	247.73	—	222.22	—
		超声波探伤机 CTS-26	台班	7.19	—	6.61	—	6.05	—
		X 光探伤机 TX-2505	台班	3.91	—	4.69	—	5.61	—
		空压机 $6m^3/min$	台班	9.05	—	8.11	—	7.16	—
		载重汽车 5t	台班	8.11	—	7.23	—	6.35	—
		汽车起重机 5t	台班	90.29	—	80.52	—	70.75	—
		自卸汽车 4.5t	台班	20.27	—	18.07	—	15.88	—
		其他机械费	元	30114	—	27491	—	24929	—
		措施费分摊	元	4959	—	4445	—	3934	—
		机械费小计	元	108693	4.15	98028	4.14	87478	4.14
	直接费小计		元	1752093	—	1570642	—	1389862	—
综合费用			元	373196	14.24	334547	14.15	296041	14.03
合计			元	2125289	—	1905189	—	1685903	—

1.1.5 燃气输配管（钢管）埋设深度2m以内(带支挡土板）

工程内容：管沟开挖，回填土方，钢支挡土板搭拆，余土外运，沟内警示带敷设，施工护栏设置，管道防腐，管道及附件、阴极保护、绝缘接头、测试桩安装，管道探伤、吹扫、试压，阀门井、调压站建筑及安装等。

单位：万 m^3/d

指标编号				7Z-013		7Z-014		7Z-015	
项目			单位	供气规模（万 m^3/d 以内）					
				20	占指标基价（%）	30	占指标基价(%）	50	占指标基价(%）
指标基价			元	2783908	100.00	2510165	100.00	2238851	100.00
一、建筑安装工程费			元	2260278	81.19	2025722	80.70	1791719	80.03
二、设备购置费			元	41234	1.48	49481	1.97	59183	2.64
三、工程建设其他费用			元	276181	9.92	249024	9.92	222108	9.92
四、基本预备费			元	206215	7.41	185938	7.41	165841	7.41
建筑安装工程费									
直接费	人工费	人工	工日	16396	—	14675	—	12956	—
		措施费分摊	元	8438	—	7562	—	6689	—
		人工费小计	元	517206	18.58	462927	18.44	408714	18.26
	材料费	无缝钢管（综合价）	t	102.67	—	91.79	—	80.94	—
		无缝钢管管件（综合价）	t	3.28	—	2.99	—	2.71	—
		球阀 *D*300	组	1.42	—	1.27	—	1.11	—
		放空阀 *D*32	组	1.42	—	1.27	—	1.11	—
		压力表	组	1.42	—	1.27	—	1.11	—
		绝缘接头 JY25 *DN*300	个	1.34	—	1.20	—	1.05	—
		防腐内胶带	m^2	5511.42	—	4915.04	—	4318.65	—
		防腐外胶带	m^2	4067.17	—	3627.06	—	3186.96	—
		镁阳极 MUG-3	kg	643.20	—	573.60	—	504.00	—
		玻璃钢测试桩	个	5.36	—	4.78	—	4.20	—
		长效参比电极	支	5.36	—	4.78	—	4.20	—
		警示带(20#通用型)	km	2.89	—	2.58	—	2.27	—
		铸铁井座、井盖	套	1.42	—	1.27	—	1.11	—
		商品混凝土 C20	m^3	9.06	—	8.88	—	8.70	—
		标准砖	千块	16.91	—	16.54	—	16.15	—
		板方材	m^3	8.44	—	7.59	—	6.75	—
		钢挡土板	t	11.95	—	10.66	—	9.37	—
		其他材料费	元	231309	—	208781	—	186356	—
		措施费分摊	元	91763	—	82240	—	72740	—
		材料费小计	元	1237164	44.44	1108774	44.17	980659	43.80
	机械费	缠绕机	台班	74.00	—	65.99	—	57.98	—
		直流电焊机 20kW	台班	273.65	—	247.73	—	222.22	—
		超声波探伤机 CTS-26	台班	7.19	—	6.61	—	6.05	—
		X光探伤机 TX-2505	台班	3.91	—	4.69	—	5.61	—
		空压机 6m^3/min	台班	9.05	—	8.11	—	7.16	—
		载重汽车 5t	台班	8.11	—	7.23	—	6.35	—
		汽车起重机 5t	台班	90.29	—	80.52	—	70.75	—
		自卸汽车 4.5t	台班	20.27	—	18.07	—	15.88	—
		其他机械费	元	30114	—	27491	—	24929	—
		措施费分摊	元	5274	—	4726	—	4180	—
		机械费小计	元	109008	3.91	98309	3.92	87724	3.92
	直接费小计		元	1863378	—	1670010	—	1477097	—
综合费用			元	396900	14.26	355712	14.17	314622	14.05
合计			元	2260278	—	2025722	—	1791719	—

1.1.6 燃气输配管（球墨铸铁管）埋设深度 1m 以内

工程内容：管沟开挖，回填土方，余土外运，管道基础处理，沟内警示带敷设，施工护栏设置，管道及附件安装，管道吹扫、试压，阀门井、调压站建筑及安装等。

单位：万 m³/d

指标编号			单位	7Z-016		7Z-017		7Z-018	
项目			单位	供气规模（万 m³/d 以内）					
				20	占指标基价（%）	30	占指标基价（%）	50	占指标基价（%）
指标基价			元	2240907	100.00	2025759	100.00	1813071	100.00
一、建筑安装工程费			元	1811368	80.83	1625254	80.23	1439718	79.41
二、设备购置费			元	41234	1.84	49481	2.44	59183	3.26
三、工程建设其他费用			元	222312	9.92	200968	9.92	179868	9.92
四、基本预备费			元	165993	7.41	150056	7.41	134302	7.41
建筑安装工程费									
直接费	人工费	人工	工日	7108	—	6391	—	5677	—
		措施费分摊	元	6762	—	6067	—	5375	—
		人工费小计	元	227323	10.14	204380	10.09	181532	10.01
	材料费	燃气球墨铸铁管 N1 型	t	148.28	—	132.24	—	116.19	—
		燃气球墨铸铁管管件 N1 型	t	4.85	—	4.32	—	3.80	—
		燃气球墨铸铁管压兰 N1 型	t	12.99	—	11.58	—	10.18	—
		无缝钢管（综合价）	t	0.74	—	0.89	—	1.06	—
		无缝钢管管件（综合价）	t	0.21	—	0.25	—	0.30	—
		球阀 *D*300	组	1.42	—	1.27	—	1.11	—
		放空阀 *D*32	组	1.42	—	1.27	—	1.11	—
		压力表	组	1.42	—	1.27	—	1.11	—
		胶圈、支撑圈（N1 型）	套	892.44	—	795.87	—	699.30	—
		螺栓 M20×100	套	7123.44	—	6352.62	—	5581.80	—
		警示带(20#通用型)	km	2.89	—	2.58	—	2.27	—
		铸铁井座、井盖	套	1.42	—	1.27	—	1.11	—
		商品混凝土 C15	m³	51.51	—	45.94	—	40.36	—
		商品混凝土 C20	m³	9.06	—	8.88	—	8.70	—
		标准砖	千块	16.91	—	16.54	—	16.15	—
		板方材	m³	0.64	—	0.64	—	0.64	—
		其他材料费	元	148491	—	134926	—	121426	—
		措施费分摊	元	73538	—	65982	—	58450	—
		材料费小计	元	1205440	53.79	1080403	53.33	955635	52.71
	机械费	直流电焊机 20 kW	台班	14.36	—	16.50	—	19.04	—
		超声波探伤机 CTS-26	台班	0.65	—	0.78	—	0.93	—
		X 光探伤机 TX-2505	台班	3.91	—	4.69	—	5.61	—
		空压机 6m³/min	台班	8.95	—	8.01	—	7.08	—
		载重汽车 5t	台班	12.40	—	11.06	—	9.71	—
		汽车起重机 5t	台班	18.33	—	16.34	—	14.36	—
		自卸汽车 4.5t	台班	24.55	—	21.90	—	19.24	—
		其他机械费	元	28956	—	26454	—	29307	—
		措施费分摊	元	4226	—	3792	—	3359	—
		机械费小计	元	60533	2.70	55080	2.72	49740	2.74
	直接费小计		元	1493296	—	1339863	—	1186907	—
综合费用			元	318072	14.20	285391	14.09	252811	13.95
合计			元	1811368	—	1625254	—	1439718	—

1.1.7 燃气输配管（球墨铸铁管）埋设深度 1.5m 以内

工程内容：管沟开挖，回填土方，余土外运，管道基础处理，沟内警示带敷设，施工护栏设置，管道及附件安装，管道吹扫、试压，阀门井、调压站建筑及安装等。

单位：万 m³/d

指标编号				7Z-019		7Z-020		7Z-021	
项目			单位	供气规模（万 m³/d 以内）					
				20	占指标基价（%）	30	占指标基价（%）	50	占指标基价（%）
指标基价			元	2465821	100.00	2226326	100.00	1989397	100.00
一、建筑安装工程费			元	1997309	81.00	1791066	80.45	1585490	79.70
二、设备购置费			元	41234	1.67	49481	2.22	59183	2.97
三、工程建设其他费用			元	244625	9.92	220866	9.92	197361	9.92
四、基本预备费			元	182653	7.41	164913	7.41	147363	7.41
建筑安装工程费									
直接费	人工费	人工	工日	11755	—	10535	—	9319	—
		措施费分摊	元	7456	—	6686	—	5919	—
		人工费小计	元	372214	15.10	333587	14.98	295088	14.83
	材料费	燃气球墨铸铁管 N1 型	t	148.28	—	132.24	—	116.19	—
		燃气球墨铸铁管管件 N1 型	t	4.85	—	4.32	—	3.80	—
		燃气球墨铸铁管压兰 N1 型	t	12.99	—	11.58	—	10.18	—
		无缝钢管（综合价）	t	0.74	—	0.89	—	1.06	—
		无缝钢管管件（综合价）	t	0.21	—	0.25	—	0.30	—
		球阀 $D300$	组	1.42	—	1.27	—	1.11	—
		放空阀 $D32$	组	1.42	—	1.27	—	1.11	—
		压力表	组	1.42	—	1.27	—	1.11	—
		胶圈、支撑圈（N1 型）	套	892.44	—	795.87	—	699.30	—
		螺拴 M20×100	套	7123.44	—	6352.62	—	5581.80	—
		警示带(20#通用型)	km	2.89	—	2.58	—	2.27	—
		铸铁井座、井盖	套	1.42	—	1.27	—	1.11	—
		商品混凝土 C15	m³	51.51	—	45.94	—	40.36	—
		商品混凝土 C20	m³	9.06	—	8.88	—	8.70	—
		标准砖	千块	16.91	—	16.54	—	16.15	—
		板方材	m³	0.64	—	0.64	—	0.64	—
		其他材料费	元	148907	—	135296	—	121787	—
		措施费分摊	元	81087	—	72714	—	64368	—
		材料费小计	元	1213405	49.21	1087505	48.85	961914	48.35
	机械费	直流电焊机 20kW	台班	14.36	—	16.50	—	19.04	—
		超声波探伤机 CTS-26	台班	0.65	—	0.78	—	0.93	—
		X 光探伤机 TX-2505	台班	3.91	—	4.69	—	5.61	—
		空压机 6m³/min	台班	8.95	—	8.01	—	7.08	—
		载重汽车 5t	台班	12.40	—	11.06	—	9.71	—
		汽车起重机 5t	台班	18.33	—	16.34	—	14.36	—
		自卸汽车 4.5t	台班	24.55	—	21.90	—	19.24	—
		其他机械费	元	28956	—	26454	—	29307	—
		措施费分摊	元	4660	—	4179	—	3699	—
		机械费小计	元	60967	2.47	55467	2.49	50080	2.52
	直接费小计		元	1646586	—	1476559	—	1307082	—
综合费用			元	350723	14.22	314507	14.13	278408	14.00
合计			元	1997309	—	1791066	—	1585490	—

1.1.8 燃气输配管（球墨铸铁管）埋设深度 2m 以内

工程内容：管沟开挖，回填土方，余土外运，管道基础处理，沟内警示带敷设，施工护栏设置，管道及附件安装，管道吹扫、试压，阀门井、调压站建筑及安装等。

单位：万 m^3/d

指标编号				7Z-022		7Z-023		7Z-024	
项目			单位	供气规模（万 m^3/d 以内）					
				20	占指标基价(%)	30	占指标基价(%)	50	占指标基价(%)
指标基价			元	2627181	100.00	2370213	100.00	2115816	100.00
一、建筑安装工程费			元	2130708	81.10	1910021	80.58	1690004	79.87
二、设备购置费			元	41234	1.57	49481	2.09	59183	2.80
三、工程建设其他费用			元	260633	9.92	235140	9.92	209902	9.92
四、基本预备费			元	194606	7.41	175571	7.41	156727	7.41
建筑安装工程费									
直接费	人工费	人工	工日	15089	—	13508	—	11931	—
		措施费分摊	元	7954	—	7130	—	6309	—
		人工费小计	元	476166	18.13	426283	17.99	376528	17.80
	材料费	燃气球墨铸铁管 N1 型	t	148.28	—	132.24	—	116.19	—
		燃气球墨铸铁管管件 N1 型	t	4.85	—	4.32	—	3.80	—
		燃气球墨铸铁管压兰 N1 型	t	12.99	—	11.58	—	10.18	—
		无缝钢管（综合价）	t	0.74	—	0.89	—	1.06	—
		无缝钢管管件（综合价）	t	0.21	—	0.25	—	0.30	—
		球阀 *D*300	组	1.42	—	1.27	—	1.11	—
		放空阀 *D*32	组	1.42	—	1.27	—	1.11	—
		压力表	组	1.42	—	1.27	—	1.11	—
		胶圈、支撑圈（N1 型）	套	892.44	—	795.87	—	699.30	—
		螺栓 M20×100	套	7123.44	—	6352.62	—	5581.80	—
		警示带(20#通用型)	km	2.89	—	2.58	—	2.27	—
		铸铁井座、井盖	套	1.42	—	1.27	—	1.11	—
		商品混凝土 C15	m^3	51.51	—	45.94	—	40.36	—
		商品混凝土 C20	m^3	9.06	—	8.88	—	8.70	—
		标准砖	千块	16.91	—	16.54	—	16.15	—
		板方材	m^3	0.64	—	0.64	—	0.64	—
		其他材料费	元	149204	—	135561	—	122021	—
		措施费分摊	元	86502	—	77543	—	68611	—
		材料费小计	元	1219117	46.40	1092599	46.09	966391	45.67
	机械费	直流电焊机 20kW	台班	14.36	—	16.50	—	19.04	—
		超声波探伤机 CTS-26	台班	0.65	—	0.78	—	0.93	—
		X 光探伤机 TX-2505	台班	3.91	—	4.69	—	5.61	—
		空压机 $6m^3/min$	台班	8.95	—	8.01	—	7.08	—
		载重汽车 5t	台班	12.40	—	11.06	—	9.71	—
		汽车起重机 5t	台班	18.33	—	16.34	—	14.36	—
		自卸汽车 4.5t	台班	24.55	—	21.90	—	19.24	—
		其他机械费	元	28956	—	26454	—	29307	—
		措施费分摊	元	4971	—	4456	—	3943	—
		机械费小计	元	61278	2.33	55744	2.35	50324	2.37
	直接费小计		元	1756561	—	1574626	—	1393243	—
综合费用			元	374147	14.24	335395	14.15	296761	14.03
合计			元	2130708	—	1910021	—	1690004	—

1.1.9 燃气输配管（球墨铸铁管）埋设深度 1.5m 以内(带支挡土板）

工程内容：管沟开挖，回填土方，钢支挡土板搭拆，余土外运，管道基础处理，沟内警示带敷设，施工护栏设置，管道及附件安装，管道吹扫、试压，阀门井、调压站建筑及安装等。

单位：万 m^3/d

指标编号			单位	7Z-025		7Z-026		7Z-027	
项目				供气规模（万 m^3/d 以内）					
				20	占指标基价(%)	30	占指标基价(%)	50	占指标基价(%)
指标基价			元	2554209	100.00	2305138	100.00	2058631	100.00
一、建筑安装工程费			元	2070380	81.06	1856222	80.52	1642728	79.80
二、设备购置费			元	41234	1.61	49481	2.15	59183	2.87
三、工程建设其他费用			元	253394	9.92	228684	9.92	204229	9.92
四、基本预备费			元	189201	7.41	170751	7.41	152491	7.41
建筑安装工程费									
直接费	人工费	人工	工日	11275	—	10107	—	8943	—
		措施费分摊	元	7729	—	6930	—	6133	—
		人工费小计	元	357592	14.00	320550	13.91	283634	13.78
	材料费	燃气球墨铸铁管 N1 型	t	148.28	—	132.24	—	116.19	—
		燃气球墨铸铁管管件 N1 型	t	4.85	—	4.32	—	3.80	—
		燃气球墨铸铁管压兰 N1 型	t	12.99	—	11.58	—	10.18	—
		无缝钢管（综合价）	t	0.74	—	0.89	—	1.06	—
		无缝钢管管件（综合价）	t	0.21	—	0.25	—	0.30	—
		球阀 *D*300	组	1.42	—	1.27	—	1.11	—
		放空阀 *D*32	组	1.42	—	1.27	—	1.11	—
		压力表	组	1.42	—	1.27	—	1.11	—
		胶圈、支撑圈（N1 型）	套	892.44	—	795.87	—	699.30	—
		螺栓 M20×100	套	7123.44	—	6352.62	—	5581.80	—
		警示带(20#通用型)	km	2.89	—	2.58	—	2.27	—
		铸铁井座、井盖	套	1.42	—	1.27	—	1.11	—
		商品混凝土 C15	m^3	51.51	—	45.94	—	40.36	—
		商品混凝土 C20	m^3	9.06	—	8.88	—	8.70	—
		标准砖	千块	16.91	—	16.54	—	16.15	—
		板方材	m^3	6.83	—	6.16	—	5.49	—
		钢挡土板	t	9.49	—	8.46	—	7.43	—
		其他材料费	元	184417	—	166964	—	149612	—
		措施费分摊	元	84053	—	75359	—	66691	—
		材料费小计	元	1288096	50.43	1154105	50.06	1020421	49.57
	机械费	直流电焊机 20kW	台班	14.36	—	16.50	—	19.04	—
		超声波探伤机 CTS-26	台班	0.65	—	0.78	—	0.93	—
		X 光探伤机 TX-2505	台班	3.91	—	4.69	—	5.61	—
		空压机 6m^3/min	台班	8.95	—	8.01	—	7.08	—
		载重汽车 5t	台班	12.40	—	11.06	—	9.71	—
		汽车起重机 5t	台班	18.33	—	16.34	—	14.36	—
		自卸汽车 4.5t	台班	24.55	—	21.90	—	19.24	—
		其他机械费	元	28956	—	26454	—	29307	—
		措施费分摊	元	4831	—	4331	—	3833	—
		机械费小计	元	61138	2.40	55619	2.41	50214	2.44
	直接费小计		元	1706826	—	1530274	—	1354269	—
综合费用			元	363554	14.23	325948	14.14	288459	14.01
合计			元	2070380	—	1856222	—	1642728	—

1.1.10 燃气输配管（球墨铸铁管）埋设深度 2m 以内(带支挡土板）

工程内容：管沟开挖，回填土方，钢支挡土板搭拆，余土外运，管道基础处理，沟内警示带敷设，施工护栏设置，管道及附件安装，管道吹扫、试压，阀门井、调压站建筑及安装等。

单位：万 m^3/d

指标编号				7Z-028		7Z-029		7Z-030	
项目			单位	供气规模（万 m^3/d 以内）					
				20	占指标基价（%）	30	占指标基价（%）	50	占指标基价（%）
指标基价			元	2734562	100.00	2466022	100.00	2199974	100.00
一、建筑安装工程费			元	2219482	81.16	1989228	80.66	1759579	79.98
二、设备购置费			元	41234	1.51	49481	2.01	59183	2.69
三、工程建设其他费用			元	271286	9.92	244645	9.92	218251	9.92
四、基本预备费			元	202560	7.41	182668	7.41	162961	7.41
建筑安装工程费									
直接费	人工费	人工	工日	14405	—	12899	—	11395	—
		措施费分摊	元	8286	—	7426	—	6569	—
		人工费小计	元	455273	16.65	407682	16.53	360156	16.37
	材料费	燃气球墨铸铁管 N1 型	t	148.28	—	132.24	—	116.19	—
		燃气球墨铸铁管管件 N1 型	t	4.85	—	4.32	—	3.80	—
		燃气球墨铸铁管压兰 N1 型	t	12.99	—	11.58	—	10.18	—
		无缝钢管（综合价）	t	0.74	—	0.89	—	1.06	—
		无缝钢管管件（综合价）	t	0.21	—	0.25	—	0.30	—
		球阀 $D300$	组	1.42	—	1.27	—	1.11	—
		放空阀 $D32$	组	1.42	—	1.27	—	1.11	—
		压力表	组	1.42	—	1.27	—	1.11	—
		胶圈、支撑圈（N1 型）	套	892.44	—	795.87	—	699.30	—
		螺栓 M20×100	套	7123.44	—	6352.62	—	5581.80	—
		警示带($20^{\#}$通用型)	km	2.89	—	2.58	—	2.27	—
		铸铁井座、井盖	套	1.42	—	1.27	—	1.11	—
		商品混凝土 C15	m^3	51.51	—	45.94	—	40.36	—
		商品混凝土 C20	m^3	9.06	—	8.88	—	8.70	—
		标准砖	千块	16.91	—	16.54	—	16.15	—
		板方材	m^3	8.44	—	7.59	—	6.75	—
		钢挡土板	t	11.95	—	10.66	—	9.37	—
		其他材料费	元	193859	—	175384	—	157011	—
		措施费分摊	元	90106	—	80759	—	71435	—
		材料费小计	元	1312987	48.01	1176313	47.70	1039959	47.27
	机械费	直流电焊机 20kW	台班	14.36	—	16.50	—	19.04	—
		超声波探伤机 CTS-26	台班	0.65	—	0.78	—	0.93	—
		X 光探伤机 TX-2505	台班	3.91	—	4.69	—	5.61	—
		空压机 $6m^3/min$	台班	8.95	—	8.01	—	7.08	—
		载重汽车 5t	台班	12.40	—	11.06	—	9.71	—
		汽车起重机 5t	台班	18.33	—	16.34	—	14.36	—
		自卸汽车 4.5t	台班	24.55	—	21.90	—	19.24	—
		其他机械费	元	28956	—	26454	—	29307	—
		措施费分摊	元	5179	—	4641	—	4105	—
		机械费小计	元	61486	2.25	55929	2.27	50486	2.30
	直接费小计		元	1829746	—	1639924	—	1450601	—
综合费用			元	389736	14.25	349304	14.16	308978	14.04
合计			元	2219482	—	1989228	—	1759579	—

1.1.11 燃气输配管（聚乙烯燃气管）埋设深度 1m 以内

工程内容： 管沟开挖，回填土方，余土外运，沟内警示带敷设，施工护栏设置，管道及附件、钢塑转换接头安装，管道吹扫、试压，阀门井、调压站建筑及安装等。

单位：万 m^3/d

指标编号				7Z-031		7Z-032		7Z-033	
项目			单位	供气规模（万 m^3/d 以内）					
				20	占指标基价（%）	30	占指标基价（%）	50	占指标基价（%）
指标基价			元	3461415	100.00	3114279	100.00	2769493	100.00
一、建筑安装工程费			元	2820386	81.48	2525155	81.08	2230411	80.53
二、设备购置费			元	41234	1.19	49481	1.59	59183	2.14
三、工程建设其他费用			元	343394	9.92	308956	9.92	274751	9.92
四、基本预备费			元	256401	7.41	230687	7.41	205148	7.41
建筑安装工程费									
直接费	人工费	人工	工日	4929	—	4447	—	3970	—
		措施费分摊	元	10529	—	9427	—	8326	—
		人工费小计	元	163476	4.72	147417	4.73	131515	4.75
	材料费	PE 燃气管 *D*300	kg	71076.01	—	63384.95	—	55693.89	—
		PE 燃气管管件 *D*300（综合价）	个	482.40	—	430.20	—	378.00	—
		PE 燃气管件套筒	个	2.84	—	2.54	—	2.22	—
		PE 燃气 80 型球阀 *D*300 双放散 杆长 1800mm	组	1.42	—	1.27	—	1.11	—
		无缝钢管（综合价）	t	0.74	—	0.89	—	1.06	—
		无缝钢管管件（综合价）	t	0.21	—	0.25	—	0.30	—
		警示带(20#金属丝带)	km	2.89	—	2.58	—	2.27	—
		铸铁井座、井盖	套	1.42	—	1.27	—	1.11	—
		商品混凝土 C20	m^3	8.41	—	8.30	—	8.19	—
		标准砖	千块	13.78	—	13.75	—	13.71	—
		板方材	m^3	0.64	—	0.64	—	0.64	—
		其他材料费	元	121493	—	110843	—	100315	—
		措施费分摊	元	114502	—	102516	—	90550	—
		材料费小计	元	2103536	60.77	1881401	60.41	1659393	59.91
	机械费	对接熔接机	台班	81.85	—	73.00	—	64.14	—
		直流电焊机 20kW	台班	11.96	—	14.35	—	17.17	—
		超声波探伤机 CTS-26	台班	0.65	—	0.78	—	0.93	—
		X 光探伤机 TX-2505	台班	3.91	—	4.69	—	5.61	—
		空压机 $6m^3/min$	台班	8.95	—	8.01	—	7.08	—
		载重汽车 4t	台班	1.74	—	1.55	—	1.37	—
		自卸汽车 4.5t	台班	17.93	—	15.99	—	14.05	—
		其他机械费	元	30202	—	27565	—	24990	—
		措施费分摊	元	6581	—	5892	—	5204	—
		机械费小计	元	58121	1.68	52926	1.70	47848	1.73
	直接费小计		元	2325133	—	2081744	—	1838756	—
综合费用			元	495253	14.31	443411	14.24	391655	14.14
合计			元	2820386	—	2525155	—	2230411	—

1.1.12 燃气输配管（聚乙烯燃气管）埋设深度 1.5m 以内

工程内容：管沟开挖，回填土方，余土外运，沟内警示带敷设，施工护栏设置，管道及附件、钢塑转换接头安装，管道吹扫、试压，阀门井、调压站建筑及安装等。

单位：万 m^3/d

指标编号				7Z-034		7Z-035		7Z-036	
项目			单位	供气规模（万 m^3/d 以内）					
				20	占指标基价（%）	30	占指标基价（%）	50	占指标基价（%）
指标基价			元	3668563	100.00	3299021	100.00	2931778	100.00
一、建筑安装工程费			元	2991639	81.55	2677884	81.17	2364575	80.65
二、设备购置费			元	41234	1.12	49481	1.50	59183	2.02
三、工程建设其他费用			元	363945	9.92	327284	9.92	290851	9.92
四、基本预备费			元	271745	7.41	244372	7.41	217169	7.41
建筑安装工程费									
直接费	人工费	人工	工日	9209	—	8264	—	7323	—
		措施费分摊	元	11168	—	9997	—	8827	—
	人工费小计		元	296923	8.09	266429	8.08	236060	8.05
	材料费	PE 燃气管 *D*300	kg	71076.01	—	63384.95	—	55693.89	—
		PE 燃气管管件 *D*300（综合价）	个	482.40	—	430.20	—	378.00	—
		PE 燃气管件套筒	个	2.84	—	2.54	—	2.22	—
		PE 燃气 80 型球阀 *D*300 双放散 杆长 1800mm	组	1.42	—	1.27	—	1.11	—
		无缝钢管（综合价）	t	0.74	—	0.89	—	1.06	—
		无缝钢管管件（综合价）	t	0.21	—	0.25	—	0.30	—
		警示带(20#金属丝带)	km	2.89	—	2.58	—	2.27	—
		铸铁井座、井盖	套	1.42	—	1.27	—	1.11	—
		商品混凝土 C20	m^3	8.41	—	8.30	—	8.19	—
		标准砖	千块	13.78	—	13.75	—	13.71	—
		板方材	m^3	0.64	—	0.64	—	0.64	—
		其他材料费	元	121876	—	111184	—	100615	—
		措施费分摊	元	121454	—	108717	—	95997	—
		材料费小计	元	2110871	57.54	1887943	57.22	1665140	56.80
	机械费	对接熔接机	台班	81.85	—	73.00	—	64.14	—
		直流电焊机 20kW	台班	11.96	—	14.35	—	17.17	—
		超声波探伤机 CTS-26	台班	0.65	—	0.78	—	0.93	—
		X 光探伤机 TX-2505	台班	3.91	—	4.69	—	5.61	—
		空压机 6m^3/min	台班	8.95	—	8.01	—	7.08	—
		载重汽车 4t	台班	1.74	—	1.55	—	1.37	—
		自卸汽车 4.5t	台班	17.93	—	15.99	—	14.05	—
		其他机械费	元	30202	—	27565	—	24990	—
		措施费分摊	元	6980	—	6248	—	5517	—
		机械费小计	元	58520	1.60	53282	1.62	48161	1.64
	直接费小计		元	2466314	—	2207654	—	1949361	—
综合费用			元	525325	14.32	470230	14.25	415214	14.16
合计			元	2991639	—	2677884	—	2364575	—

1.1.13　燃气输配管（聚乙烯燃气管）埋设深度 2m 以内

工程内容：管沟开挖，回填土方，余土外运，沟内警示带敷设，施工护栏设置，管道及附件、钢塑转换接头安装，管道吹扫、试压，阀门井、调压站建筑及安装等。

单位：万 m^3/d

指标编号				7Z-037		7Z-038		7Z-039	
				供气规模（万 m^3/d 以内）					
项目			单位	20	占指标基价（%）	30	占指标基价（%）	50	占指标基价(%)
指标基价			元	3872785	100.00	3481189	100.00	3091846	100.00
一、建筑安装工程费			元	3160473	81.61	2828486	81.25	2496906	80.76
二、设备购置费			元	41234	1.06	49481	1.42	59183	1.91
三、工程建设其他费用			元	384205	9.92	345356	9.92	306731	9.92
四、基本预备费			元	286873	7.41	257866	7.41	229026	7.41
建筑安装工程费									
直接费	人工费	人工	工日	13432	—	12031	—	10633	—
		措施费分摊	元	11798	—	10559	—	9321	—
		人工费小计	元	428593	11.07	383881	11.03	339263	10.97
	材料费	PE 燃气管 *D*300	kg	71076.01	—	63384.95	—	55693.89	—
		PE 燃气管管件 *D*300（综合价）	个	482.40	—	430.20	—	378.00	—
		PE 燃气管件套筒	个	2.84	—	2.54	—	2.22	—
		PE 燃气 80 型球阀 *D*300 双放散杆长 1800mm	组	1.42	—	1.27	—	1.11	—
		无缝钢管（综合价）	t	0.74	—	0.89	—	1.06	—
		无缝钢管管件（综合价）	t	0.21	—	0.25	—	0.30	—
		警示带(20#金属丝带)	km	2.89	—	2.58	—	2.27	—
		铸铁井座、井盖	套	1.42	—	1.27	—	1.11	—
		商品混凝土 C20	m^3	8.41	—	8.30	—	8.19	—
		标准砖	千块	13.78	—	13.75	—	13.71	—
		板方材	m^3	0.64	—	0.64	—	0.64	—
		其他材料费	元	122144	—	111423	—	100825	—
		措施费分摊	元	128309	—	114831	—	101369	—
		材料费小计	元	2117994	54.69	1894296	54.41	1670722	54.04
	机械费	对接熔接机	台班	81.85	—	73.00	—	64.14	—
		直流电焊机 20kW	台班	11.96	—	14.35	—	17.17	—
		超声波探伤机 CTS-26	台班	0.65	—	0.78	—	0.93	—
		X 光探伤机 TX-2505	台班	3.91	—	4.69	—	5.61	—
		空压机 $6m^3/min$	台班	8.95	—	8.01	—	7.08	—
		载重汽车 4t	台班	1.74	—	1.55	—	1.37	—
		自卸汽车 4.5t	台班	17.93	—	15.99	—	14.05	—
		其他机械费	元	30202	—	27565	—	24990	—
		措施费分摊	元	7374	—	6599	—	5826	—
		机械费小计	元	58914	1.52	53633	1.54	48470	1.57
	直接费小计		元	2605501	—	2331810	—	2058455	—
综合费用			元	554972	14.33	496676	14.27	438451	14.18
合计			元	3160473	—	2828486	—	2496906	—

1.1.14 燃气输配管（聚乙烯燃气管）埋设深度1.5m以内(带支挡土板）

工程内容：管沟开挖，回填土方，钢支挡土板搭拆，余土外运，沟内警示带敷设，施工护栏设置，管道及附件、钢塑转换接头安装，管道吹扫、试压，阀门井、调压站建筑及安装等。

单位：万 m³/d

指标编号				7Z-040		7Z-041		7Z-042	
项目			单位	供气规模（万 m³/d 以内）					
				20	占指标基价(%)	30	占指标基价(%)	50	占指标基价(%)
指标基价			元	3757699	100.00	3378522	100.00	3001649	100.00
一、建筑安装工程费			元	3065329	81.57	2743609	81.21	2422339	80.70
二、设备购置费			元	41234	1.10	49481	1.46	59183	1.97
三、工程建设其他费用			元	372788	9.92	335171	9.92	297783	9.92
四、基本预备费			元	278348	7.41	250261	7.41	222344	7.41
建筑安装工程费									
直接费	人工费	人工	工日	8772	—	7874	—	6981	—
		措施费分摊	元	11443	—	10242	—	9043	—
		人工费小计	元	283638	7.55	254572	7.54	225663	7.52
	材料费	PE燃气管 $D300$	kg	71076.01	—	63384.95	—	55693.89	—
		PE燃气管管件 $D300$（综合价）	个	482.40	—	430.20	—	378.00	—
		PE燃气管件套筒	个	2.84	—	2.54	—	2.22	—
		PE燃气80型球阀 $D300$ 双放散 杆长1800mm	组	1.42	—	1.27	—	1.11	—
		无缝钢管（综合价）	t	0.74	—	0.89	—	1.06	—
		无缝钢管管件（综合价）	t	0.21	—	0.25	—	0.30	—
		警示带(20#金属丝带)	km	2.89	—	2.58	—	2.27	—
		铸铁井座、井盖	套	1.42	—	1.27	—	1.11	—
		商品混凝土 C20	m³	8.41	—	8.30	—	8.19	—
		标准砖	千块	13.78	—	13.75	—	13.71	—
		板方材	m³	6.75	—	6.09	—	5.43	—
		钢挡土板	t	9.38	—	8.37	—	7.35	—
		其他材料费	元	156965	—	142477	—	128110	—
		措施费分摊	元	124446	—	111385	—	98342	—
		材料费小计	元	2184734	58.14	1953831	57.83	1723023	57.40
	机械费	对接熔接机	台班	81.85	—	73.00	—	64.14	—
		直流电焊机 20kW	台班	11.96	—	14.35	—	17.17	—
		超声波探伤机 CTS-26	台班	0.65	—	0.78	—	0.93	—
		X光探伤机 TX-2505	台班	3.91	—	4.69	—	5.61	—
		空压机 6m³/min	台班	8.95	—	8.01	—	7.08	—
		载重汽车 4t	台班	1.74	—	1.55	—	1.37	—
		自卸汽车 4.5t	台班	17.93	—	15.99	—	14.05	—
		其他机械费	元	30202	—	27565	—	24990	—
		措施费分摊	元	7152	—	6401	—	5652	—
		机械费小计	元	58692	1.56	53435	1.58	48296	1.61
	直接费小计		元	2527064	—	2261838	—	1996982	—
综合费用			元	538265	14.32	481771	14.26	425357	14.17
合计			元	3065329	—	2743609	—	2422339	—

1.1.15 燃气输配管（聚乙烯燃气管）埋设深度2m以内(带支挡土板)

工程内容： 管沟开挖，回填土方，钢支挡土板搭拆，余土外运，沟内警示带敷设，施工护栏设置，管道及附件、钢塑转换接头安装，管道吹扫、试压，阀门井、调压站建筑及安装等。

单位：万 m^3/d

指标编号				7Z-043		7Z-044		7Z-045	
项目			单位	供气规模（万 m^3/d 以内）					
				20	占指标基价（%）	30	占指标基价(%)	50	占指标基价(%)
指标基价			元	3915174	100.00	3518907	100.00	3125008	100.00
一、建筑安装工程费			元	3195517	81.62	2859668	81.27	2524322	80.78
二、设备购置费			元	41234	1.05	49481	1.40	59183	1.89
三、工程建设其他费用			元	388410	9.92	349098	9.92	310021	9.92
四、基本预备费			元	290013	7.41	260660	7.41	231482	7.41
建筑安装工程费									
直接费	人工费	人工	工日	11428	—	10243	—	9062	—
		措施费分摊	元	11929	—	10676	—	9424	—
		人工费小计	元	366540	9.36	328516	9.34	290618	9.30
	材料费	PE燃气管 *D*300	kg	71076.01	—	63384.95	—	55693.89	—
		PE燃气管管件 *D*300（综合价）	个	482.40	—	430.20	—	378.00	—
		PE燃气管件套筒	个	2.84	—	2.54	—	2.22	—
		PE燃气80型球阀 *D*300 双放散杆长1800mm	组	1.42	—	1.27	—	1.11	—
		无缝钢管（综合价）	t	0.74	—	0.89	—	1.06	—
		无缝钢管管件（综合价）	t	0.21	—	0.25	—	0.30	—
		警示带(20#金属丝带)	km	2.89	—	2.58	—	2.27	—
		铸铁井座、井盖	套	1.42	—	1.27	—	1.11	—
		商品混凝土 C20	m^3	8.41	—	8.30	—	8.19	—
		标准砖	千块	13.78	—	13.75	—	13.71	—
		板方材	m^3	8.36	—	7.52	—	6.69	—
		钢挡土板	t	11.85	—	10.56	—	9.28	—
		其他材料费	元	166377	—	150870	—	135486	—
		措施费分摊	元	129731	—	116097	—	102482	—
		材料费小计	元	2208856	56.42	1975295	56.13	1741905	55.74
	机械费	对接熔接机	台班	81.85	—	73.00	—	64.14	—
		直流电焊机 20 kW	台班	11.96	—	14.35	—	17.17	—
		超声波探伤机 CTS-26	台班	0.65	—	0.78	—	0.93	—
		X光探伤机 TX-2505	台班	3.91	—	4.69	—	5.61	—
		空压机 6m^3/min	台班	8.95	—	8.01	—	7.08	—
		载重汽车 4t	台班	1.74	—	1.55	—	1.37	—
		自卸汽车 4.5t	台班	17.93	—	15.99	—	14.05	—
		其他机械费	元	30202	—	27565	—	24990	—
		措施费分摊	元	7456	—	6672	—	5890	—
		机械费小计	元	58996	1.51	53706	1.53	48534	1.55
	直接费小计		元	2634392	—	2357517	—	2081057	—
综合费用			元	561125	14.33	502151	14.27	443265	14.19
合计			元	3195517	—	2859668	—	2524322	—

1.2 高压输配管网工程

1.2.1 燃气输配管（钢管）埋设深度 1m 以内

工程内容： 管沟开挖，回填土方，余土外运，沟内警示带敷设，施工护栏设置，管道防腐，管道及附件、阴极保护、绝缘接头、测试桩安装，管道探伤、吹扫、试压，阀门井、调压站建筑及安装等。

单位：万 m^3/d

指标编号				7Z-046		7Z-047		7Z-048	
项目			单位	供气规模（万 m^3/d 以内）					
				20	占指标基价(%)	30	占指标基价(%)	50	占指标基价(%)
指标基价			元	2746103	100.00	2476877	100.00	2209504	100.00
一、建筑安装工程费			元	2229023	81.17	1998202	80.67	1767457	79.99
二、设备购置费			元	41234	1.50	49481	2.00	59183	2.68
三、工程建设其他费用			元	272431	9.92	245722	9.92	219197	9.92
四、基本预备费			元	203415	7.41	183472	7.41	163667	7.41
建筑安装工程费									
直接费	人工费	人工	工日	13907	—	12454	—	11005	—
		措施费分摊	元	8321	—	7460	—	6598	—
		人工费小计	元	439855	16.02	393908	15.90	348083	15.75
	材料费	无缝钢管（综合价）	t	119.30	—	106.62	—	93.96	—
		无缝钢管管件（综合价）	t	5.77	—	5.21	—	4.66	—
		球阀 *D*300	组	1.42	—	1.27	—	1.11	—
		放空阀 *D*32	组	1.42	—	1.27	—	1.11	—
		压力表	组	1.42	—	1.27	—	1.11	—
		绝缘接头 JY25 *DN*300	个	1.34	—	1.20	—	1.05	—
		防腐内胶带	m^2	5511.42	—	4915.04	—	4318.65	—
		防腐外胶带	m^2	4067.17	—	3627.06	—	3186.96	—
		镁阳极 MUG-3	kg	632.00	—	573.60	—	504.00	—
		玻璃钢测试桩	个	5.36	—	4.78	—	4.20	—
		长效参比电极	支	5.36	—	4.78	—	4.20	—
		警示带(20#通用型)	km	2.89	—	2.58	—	2.27	—
		铸铁井座、井盖	套	1.42	—	1.27	—	1.11	—
		商品混凝土 C20	m^3	9.06	—	8.88	—	8.70	—
		标准砖	千块	16.91	—	16.54	—	16.15	—
		板方材	m^3	0.64	—	0.64	—	0.64	—
		其他材料费	元	206988	—	187092	—	167299	—
		措施费分摊	元	90494	—	81123	—	71755	—
		材料费小计	元	1275826	46.46	1143579	46.17	1011161	45.76
	机械费	缠绕机	台班	74.00	—	65.99	—	57.98	—
		直流电焊机 20 kW	台班	310.77	—	280.83	—	251.30	—
		超声波探伤机 CTS-26	台班	37.31	—	33.47	—	29.66	—
		X 光探伤机 TX-2505	台班	42.21	—	38.85	—	35.62	—
		空压机 6m^3/min	台班	9.05	—	8.11	—	7.16	—
		载重汽车 5t	台班	9.45	—	8.43	—	7.40	—
		汽车起重机 5t	台班	92.70	—	82.67	—	72.64	—
		自卸汽车 4.5t	台班	20.27	—	18.07	—	15.88	—
		其他机械费	元	30489	—	27823	—	25222	—
		措施费分摊	元	5201	—	4662	—	4124	—
		机械费小计	元	121931	4.44	109835	4.43	97852	4.43
	直接费小计		元	1837612	—	1647322	—	1457096	—
综合费用			元	391411	14.25	350880	14.17	310361	14.05
合计			元	2229023	—	1998202	—	1767457	—

1.2.2 燃气输配管（钢管）埋设深度 1.5m 以内

工程内容：管沟开挖，回填土方，余土外运，沟内警示带敷设，施工护栏设置，管道防腐，管道及附件、阴极保护、绝缘接头、测试桩安装，管道探伤、吹扫、试压，阀门井、调压站建筑及安装等。

单位：万 m^3/d

指标编号				7Z-049		7Z-050		7Z-051	
项目			单位	供气规模（万 m^3/d 以内）					
				20	占指标基价（%）	30	占指标基价（%）	50	占指标基价（%）
指标基价			元	2961742	100.00	2669193	100.00	2378456	100.00
一、建筑安装工程费			元	2407296	81.28	2157193	80.82	1907133	80.18
二、设备购置费			元	41234	1.39	49481	1.85	59183	2.49
三、工程建设其他费用			元	293824	9.92	264801	9.92	235958	9.92
四、基本预备费			元	219388	7.41	197718	7.41	176182	7.41
建筑安装工程费									
直接费	人工费	人工	工日	18364	—	16429	—	14497	—
		措施费分摊	元	8987	—	8053	—	7120	—
		人工费小计	元	578822	19.54	517845	19.40	456962	19.21
	材料费	无缝钢管（综合价）	t	119.30	—	106.62	—	93.96	—
		无缝钢管管件（综合价）	t	5.77	—	5.21	—	4.66	—
		球阀 *D*300	组	1.42	—	1.27	—	1.11	—
		放空阀 *D*32	组	1.42	—	1.27	—	1.11	—
		压力表	组	1.42	—	1.27	—	1.11	—
		绝缘接头 JY25 *DN*300	个	1.34	—	1.20	—	1.05	—
		防腐内胶带	m^2	5511.42	—	4915.04	—	4318.65	—
		防腐外胶带	m^2	4067.17	—	3627.06	—	3186.96	—
		镁阳极 MUG-3	kg	632.00	—	573.60	—	504.00	—
		玻璃钢测试桩	个	5.36	—	4.78	—	4.20	—
		长效参比电极	支	5.36	—	4.78	—	4.20	—
		警示带(20#通用型)	km	2.89	—	2.58	—	2.27	—
		铸铁井座、井盖	套	1.42	—	1.27	—	1.11	—
		商品混凝土 C20	m^3	9.06	—	8.88	—	8.70	—
		标准砖	千块	16.91	—	16.54	—	16.15	—
		板方材	m^3	0.64	—	0.64	—	0.64	—
		其他材料费	元	207336	—	187402	—	167572	—
		措施费分摊	元	97731	—	87578	—	77426	—
		材料费小计	元	1283411	43.33	1150344	43.10	1017105	42.76
	机械费	缠绕机	台班	74.00	—	65.99	—	57.98	—
		直流电焊机 20kW	台班	310.77	—	280.83	—	251.30	—
		超声波探伤机 CTS-26	台班	37.31	—	33.47	—	29.66	—
		X 光探伤机 TX-2505	台班	42.21	—	38.85	—	35.62	—
		空压机 6m^3/min	台班	9.05	—	8.11	—	7.16	—
		载重汽车 5t	台班	9.45	—	8.43	—	7.40	—
		汽车起重机 5t	台班	92.70	—	82.67	—	72.64	—
		自卸汽车 4.5t	台班	20.27	—	18.07	—	15.88	—
		其他机械费	元	30489	—	27823	—	25222	—
		措施费分摊	元	5617	—	5033	—	4450	—
		机械费小计	元	122347	4.13	110206	4.13	98178	4.13
	直接费小计		元	1984580	—	1178395	—	1572245	—
综合费用			元	422716	14.27	378798	14.19	334888	14.08
合计			元	2407296	—	2157193	—	1907133	—

1.2.3 燃气输配管（钢管）埋设深度 2m 以内

工程内容：管沟开挖、回填土方，余土外运，沟内警示带敷设，施工护栏设置，管道防腐，管道及附件、阴极保护、绝缘接头、测试桩安装，管道探伤、吹扫、试压，阀门井、调压站建筑及安装等。

单位：万 m^3/d

指标编号			单位	7Z-052		7Z-053		7Z-054	
项目			单位	供气规模（万 m^3/d 以内）					
				20	占指标基价(%)	30	占指标基价(%)	50	占指标基价(%)
指标基价			元	3173267	100.00	2857797	100.00	2544182	100.00
一、建筑安装工程费			元	2582168	81.37	2313115	80.94	2044142	80.34
二、设备购置费			元	41234	1.30	49481	1.73	59183	2.33
三、工程建设其他费用			元	314808	9.92	283512	9.92	252399	9.92
四、基本预备费			元	235057	7.41	211689	7.41	188458	7.41
建筑安装工程费									
直接费	人工费	人工	工日	22738	—	20329	—	17924	—
		措施费分摊	元	9640	—	8635	—	7631	—
		人工费小计	元	715200	22.54	639444	22.38	563813	22.16
	材料费	无缝钢管（综合价）	t	119.30	—	106.62	—	93.96	—
		无缝钢管管件（综合价）	t	5.77	—	5.21	—	4.66	—
		球阀 *D*300	组	1.42	—	1.27	—	1.11	—
		放空阀 *D*32	组	1.42	—	1.27	—	1.11	—
		压力表	组	1.42	—	1.27	—	1.11	—
		绝缘接头 JY25 *DN*300	个	1.34	—	1.20	—	1.05	—
		防腐内胶带	m^2	5511.42	—	4915.04	—	4318.65	—
		防腐外胶带	m^2	4067.17	—	3627.06	—	3186.96	—
		镁阳极 MUG-3	kg	632.00	—	573.60	—	504.00	—
		玻璃钢测试桩	个	5.36	—	4.78	—	4.20	—
		长效参比电极	支	5.36	—	4.78	—	4.20	—
		警示带(20#通用型)	km	2.89	—	2.58	—	2.27	—
		铸铁井座、井盖	套	1.42	—	1.27	—	1.11	—
		商品混凝土 C20	m^3	9.06	—	8.88	—	8.70	—
		标准砖	千块	16.91	—	16.54	—	16.15	—
		板方材	m^3	0.64	—	0.64	—	0.64	—
		其他材料费	元	207615	—	187651	—	167790	—
		措施费分摊	元	104831	—	93908	—	82988	—
		材料费小计	元	1290790	40.68	1156923	40.48	1022885	40.20
	机械费	缠绕机	台班	74.00	—	65.99	—	57.98	—
		直流电焊机 20kW	台班	310.77	—	280.83	—	251.30	—
		超声波探伤机 CTS-26	台班	37.31	—	33.47	—	29.66	—
		X 光探伤机 TX-2505	台班	42.21	—	38.85	—	35.62	—
		空压机 6m^3/min	台班	9.05	—	8.11	—	7.16	—
		载重汽车 5t	台班	9.45	—	8.43	—	7.40	—
		汽车起重机 5t	台班	92.70	—	82.67	—	72.64	—
		自卸汽车 4.5t	台班	20.27	—	18.07	—	15.88	—
		其他机械费	元	30489	—	27823	—	25222	—
		措施费分摊	元	6025	—	5397	—	4769	—
		机械费小计	元	122755	3.87	110570	3.87	98497	3.87
	直接费小计		元	2128745	—	1906937	—	1685195	—
综合费用			元	453423	14.29	406178	14.21	358947	14.11
合计			元	2582168	—	2313115	—	2044142	—

1.2.4 燃气输配管（钢管）埋设深度 1.5m 以内(带支挡土板）

工程内容： 管沟开挖，回填土方，钢支挡土板搭拆，余土外运，沟内警示带敷设，施工护栏设置，管道防腐，管道及附件、阴极保护、绝缘接头、测试桩安装，管道探伤、吹扫、试压，阀门井、调压站建筑及安装等。

单位：万 m^3/d

指 标 编 号				7Z-055		7Z-056		7Z-057	
项 目			单位	供气规模（万 m^3/d 以内）					
				20	占指标基价（%）	30	占指标基价（%）	50	占指标基价（%）
指 标 基 价			元	3050011	100.00	2747886	100.00	2447616	100.00
一、建筑安装工程费			元	2480270	81.32	2222250	80.87	1964309	80.25
二、设备购置费			元	41234	1.35	49481	1.80	59183	2.42
三、工程建设其他费用			元	302580	9.92	272608	9.92	242819	9.92
四、基本预备费			元	225927	7.41	203547	7.41	181305	7.41
建筑安装工程费									
直接费	人工费	人工	工日	17881	—	15998	—	14119	—
		措施费分摊	元	9259	—	8296	—	7333	—
		人工费小计	元	564106	18.50	504714	18.37	445446	18.20
	材料费	无缝钢管（综合价）	t	119.30	—	106.62	—	93.96	—
		无缝钢管管件(综合价）	t	5.77	—	5.21	—	4.66	—
		球阀 *D*300	组	1.42	—	1.27	—	1.11	—
		放空阀 *D*32	组	1.42	—	1.27	—	1.11	—
		压力表	组	1.42	—	1.27	—	1.11	—
		绝缘接头 JY25 *DN*300	个	1.34	—	1.20	—	1.05	—
		防腐内胶带	m^2	5511.42	—	4915.04	—	4318.65	—
		防腐外胶带	m^2	4067.17	—	3627.06	—	3186.96	—
		镁阳极 MUG-3	kg	632.00	—	573.60	—	504.00	—
		玻璃钢测试桩	个	5.36	—	4.78	—	4.20	—
		长效参比电极	支	5.36	—	4.78	—	4.20	—
		警示带(20#通用型)	km	2.89	—	2.58	—	2.27	—
		铸铁井座、井盖	套	1.42	—	1.27	—	1.11	—
		商品混凝土 C20	m^3	9.06	—	8.88	—	8.70	—
		标准砖	千块	16.91	—	16.54	—	16.15	—
		板方材	m^3	6.83	—	6.16	—	5.49	—
		钢挡土板	t	9.49	—	8.46	—	7.43	—
		其他材料费	元	242865	—	219087	—	195411	—
		措施费分摊	元	100694	—	90219	—	79747	—
		材料费小计	元	1358117	44.53	1216956	44.29	1075624	43.95
	机械费	缠绕机	台班	74.00	—	65.99	—	57.98	—
		直流电焊机 20kW	台班	310.77	—	280.83	—	251.30	—
		超声波探伤机 CTS-26	台班	37.31	—	33.47	—	29.66	—
		X 光探伤机 TX-2505	台班	42.21	—	38.85	—	35.62	—
		空压机 6m^3/min	台班	9.05	—	8.11	—	7.16	—
		载重汽车 5t	台班	9.45	—	8.43	—	7.40	—
		汽车起重机 5t	台班	92.70	—	82.67	—	72.64	—
		自卸汽车 4.5t	台班	20.27	—	18.07	—	15.88	—
		其他机械费	元	30489	—	27823	—	25222	—
		措施费分摊	元	5787	—	5185	—	4583	—
		机械费小计	元	122517	4.02	110358	4.02	98311	4.02
	直接费小计		元	2044740	—	1832028	—	1619381	—
综合费用			元	435530	14.28	390222	14.20	344928	14.09
合 计			元	2480270	—	2222250	—	1964309	—

1.2.5 燃气输配管（钢管）埋设深度2m以内(带支挡土板）

工程内容：管沟开挖，回填土方，钢支挡土板搭拆，余土外运，沟内警示带敷设，施工护栏设置，管道防腐，管道及附件、阴极保护、绝缘接头、测试桩安装，管道探伤、吹扫、试压、阀门井、调压站建筑及安装等。

单位：万 m^3/d

指标编号				7Z-058		7Z-059		7Z-060	
项目			单位	供气规模（万 m^3/d 以内）					
				20	占指标基价（%）	30	占指标基价（%）	50	占指标基价（%）
指标基价			元	3213295	100.00	2893537	100.00	2575612	100.00
一、建筑安装工程费			元	2615260	81.39	2342663	80.96	2070126	80.37
二、设备购置费			元	41234	1.28	49481	1.71	59183	2.30
三、工程建设其他费用			元	318779	9.92	287057	9.92	255517	9.92
四、基本预备费			元	238022	7.41	214336	7.41	190786	7.41
建筑安装工程费									
直接费	人工费	人工	工日	20658	—	18475	—	16295	—
		措施费分摊	元	9763	—	8745	—	7728	—
		人工费小计	元	650781	20.25	582024	20.12	513362	19.93
	材料费	无缝钢管（综合价）	t	119.30	—	106.62	—	93.96	—
		无缝钢管管件（综合价）	t	5.77	—	5.21	—	4.66	—
		球阀 *D*300	组	1.42	—	1.27	—	1.11	—
		放空阀 *D*32	组	1.42	—	1.27	—	1.11	—
		压力表	组	1.42	—	1.27	—	1.11	—
		绝缘接头 JY25 *DN*300	个	1.34	—	1.20	—	1.05	—
		防腐内胶带	m^2	5511.42	—	4915.04	—	4318.65	—
		防腐外胶带	m^2	4067.17	—	3627.06	—	3186.96	—
		镁阳极 MUG-3	kg	632.00	—	573.60	—	504.00	—
		玻璃钢测试桩	个	5.36	—	4.78	—	4.20	—
		长效参比电极	支	5.36	—	4.78	—	4.20	—
		警示带(20#通用型)	km	2.89	—	2.58	—	2.27	—
		铸铁井座、井盖	套	1.42	—	1.27	—	1.11	—
		商品混凝土 C20	m^3	9.06	—	8.88	—	8.70	—
		标准砖	千块	16.91	—	16.54	—	16.15	—
		板方材	m^3	8.44	—	7.59	—	6.75	—
		钢挡土板	t	11.95	—	10.66	—	9.37	—
		其他材料费	元	252285	—	227488	—	202793	—
		措施费分摊	元	106174	—	95107	—	84043	—
		材料费小计	元	1382413	43.02	1238634	42.81	1094697	42.50
	机械费	缠绕机	台班	74.00	—	65.99	—	57.98	—
		直流电焊机 20kW	台班	310.77	—	280.83	—	251.30	—
		超声波探伤机 CTS-26	台班	37.31	—	33.47	—	29.66	—
		X光探伤机 TX-2505	台班	42.21	—	38.85	—	35.62	—
		空压机 $6m^3/min$	台班	9.05	—	8.11	—	7.16	—
		载重汽车 5t	台班	9.45	—	8.43	—	7.40	—
		汽车起重机 5t	台班	92.70	—	82.67	—	72.64	—
		自卸汽车 4.5t	台班	20.27	—	18.07	—	15.88	—
		其他机械费	元	30489	—	27823	—	25222	—
		措施费分摊	元	6102	—	5466	—	4830	—
		机械费小计	元	122832	3.82	110639	3.82	98558	3.83
	直接费小计		元	2156026	—	1931297	—	1706617	—
综合费用			元	459234	14.29	411366	14.22	363509	14.11
合计			元	2615260	—	2342663	—	2070126	—

2　燃气工程分项指标

说　　明

本章分项指标是以输配管网工程主要结构部分为依据编制的。分为管道工程、阀门井工程、调压站工程三大类的建筑安装工程指标估算价格。

一、管道工程按材质分钢管、球墨铸铁管、聚乙烯燃气管；按工作压力分高压和中低压管道；按管沟施工方式有支挡土板和无支挡土板；按管顶至地面点分埋设深度 1m 以内、1.5m 以内、2m 以内。

二、管道工程主要数据设置及说明：

1. 管沟施工方式设置为：

管沟深度≤1.5m 以下按常规开挖方式设置；

管沟深度＞1.5m 以上，分管沟支挡土板和管沟开挖放坡系数（1∶0.33）两种方式设置。

2. 管沟土方系按三类土壤计算。如与实不符时，按下表和本册附录一附表 1-1~附表 1-6 数据调整估算指标直接费人工工日的数量。

开挖土质不同时调整表

工日/100m^3

一二类土	四类土	松石	次石	普坚石
–21.68	28.17	116.06	185.29	286.93

3. 管沟换土回填，回填土中含有碎石等成分时按规范要求管沟至地面 0.5m 以内高素土回填和北方部分城市换土回填采用水撼砂，因上述两种换土回填方式和平原地区差异较大，故本估算指标均未计算，发生时可按实计算。

4. 管沟基础砂垫层（厚度 100mm）综合取定设置。管道施工护栏按玻璃钢移动式护栏设置。施工标志装置设 5 处（其中：标志牌 2 处、标志灯 3 处）。

5. 管沟路面开挖和恢复所发生的一切费用本估算指标均未计算，应按实另执行《全国市政工程投资估算指标》第一册 道路工程的相关项目计算。

6. 管沟内警示带设置，金属管道按通用型警示带设置、塑料管道按金属丝警示带设置。各种材质管道警示带数量计算：$\phi<400$mm 按一根警示带设置；$\phi\geqslant400$mm 按 2 根警示带设置。

7. 各种材质管道及附件数据设置详见本册附录一附表 1-10~附表 1-14。管道及附件规格、重量如与实不符时，均按实调整计入材料费中，其人工工日和机械台班不作调整。

8. 钢管防腐聚乙烯胶带（三层 PE），采用集中预制与现场补口制作方法。球墨铸铁管防腐按出厂成品自带防腐考虑。

9. 本章管沟开挖是按人工施工计算，如使用机械施工时，在分项指标直接费中按下表调整人工和机械台班耗用量。

管沟机械开挖人工、机械台班增减调整表

单位：km

管径 *DN* (mm)	管道埋设深度（m）	管沟深度 (m)	人工调减 (工日)	机械台班调增		
				履带式推土机 75kW(台班)	电动夯实机 20~62kg/m(台班)	履带式单斗挖土机 1.0m^3(台班)
100	1.5	1.70	1774	0.59	165.27	4.59
150		1.77	1973	0.68	182.82	5.10

续表

管径 *DN* (mm)	管道埋设深度（m）	管沟深度 (m)	人工调减 (工日)	机械台班调增		
				履带式推土机 75kW(台班)	电动夯实机 20～62kg/m(台班)	履带式单斗挖土机 $1.0m^3$(台班)
200	1.5	1.82	2129	0.76	196.47	5.51
300		1.92	2469	0.95	225.36	6.41
400		2.01	3124	1.12	248.74	7.15
500		2.11	3542	1.37	278.42	8.13
600		2.21	4194	1.71	325.90	9.65
700		2.31	4668	2.03	357.90	10.76
800		2.41	5172	2.38	391.18	11.94
900		2.51	5694	2.77	425.01	13.18
1000		2.62	6246	3.19	460.05	14.48
100	2.0	2.20	2946	0.80	244.67	6.71
150		2.27	3223	0.90	266.69	7.34
200		2.32	3441	0.99	283.61	7.84
300		2.42	3908	1.19	319.52	8.92
400		2.51	4295	1.38	348.33	9.81
500		2.61	4794	1.64	384.72	10.97
600		2.71	5572	2.02	442.89	12.77
700		2.81	6125	2.35	481.67	14.06
800		2.91	6708	2.73	521.65	15.42
900		3.01	7310	3.13	562.19	16.84
1000		3.12	7941	3.57	604.01	18.32

三、阀门井工程按单阀结构形式设置。材质分钢质和聚乙烯阀。钢质阀门井规格（单位：mm）分 *DN*100、*DN*200、*DN*300、*DN*400 四种，聚乙烯阀门井规格（单位：mm）分 ϕ110、ϕ160、ϕ200、ϕ250、ϕ300 五种。PE 燃气 80 型球阀双放散管杆长 1800mm 设置，如与实不符时，均按实调整计入材料费中，其人工工日和机械台班不作调整。

四、调压站工程设备按规格、型号分雷诺式和 TMJ 型；按结构形式分单台式和双台式。设备规格（单位：mm）分为 *DN*150、*DN*200 和 *DN*300 三种（RQ3 雷诺式调压站工艺流程图计算工程量）。调压站工程不包括站内自动化仪表工程。

五、调压站工程建筑面积。单台式调压站每座按砖混结构 $25m^2$ 计算，双台式调压站每座按砖混结构 $40m^2$ 计算，不包括围墙建筑［参照《全国市政工程投资估算指标 第七分册》（1996 年）数据含量］。

六、计算规则：

1. 燃气管道工程压力 *P*（MPa）划分范围为：

   高压管道： $0.4MPa < P < 4.0MPa$

   中低压管道： $P \leqslant 0.4MPa$

2. 燃气管道按管道埋设深度分材质、规格以延长米为计量单位。
3. 阀井及调压站工程分规格以“座”为计量单位。

4. 管沟弃土运距 5km，如与实不符时，按下表调整本册估算指标中直接费机械台班数量。

每 1km 管道弃土运距不同时调整表(4.5t 自卸汽车)

钢管

序　　号	1	2	3	4	5	6	7	8	9	10	11
项目及规格 ϕ(mm)	101.60	168.30	219	323.90	406.40	508	610	711	813	914	1016
每增加 1km （台班）	0.44	0.55	0.67	0.98	1.29	1.75	2.36	3.00	3.74	4.56	5.48

球墨铸铁管

序　　号	1	2	3	4	5	6	7	8
项目及规格 ϕ(mm)	118	169	220	250	323	426	528	631
每增加 1km （台班）	0.64	0.75	0.87	0.95	1.19	1.60	2.10	2.70

聚乙烯燃气管

序　　号	1	2	3	4	5
项目及规格 ϕ(mm)	110	160	200	250	300
每增加 1km （台班）	0.45	0.54	0.62	0.75	0.90

2.1 燃气输配管网管道工程

2.1.1 中低压管道工程

2.1.1.1 中低压管道（钢管）工程

（1）钢管埋设深度1m以内

工程内容：管沟开挖，回填土方，余土外运，沟内警示带敷设，施工护栏设置，管道防腐、补口，管道及附件、阴极保护、绝缘接头、测试桩安装，管道探伤、试压、吹扫等。

单位：km

指标编号				7F-001		7F-002		7F-003	
项目			单位	管径（mm）					
				100	占指标基价（%）	150	占指标基价（%）	200	占指标基价（%）
指标基价			元	258516	100.00	356005	100.00	474093	100.00
一、建筑安装工程费			元	258516	100.00	356005	100.00	474093	100.00
二、设备购置费			元	—	—	—	—	—	—
建筑安装工程费									
直接费	人工费	人工	工日	1796	—	2227	—	2644	—
		措施费分摊	元	965	—	1329	—	1770	—
		人工费小计	元	56695	21.93	70433	19.78	83813	17.68
	材料费	无缝钢管（综合价）	m	1012.00	—	1010.00	—	1009.00	—
		无缝钢管管件（综合价）	kg	105.00	—	292.00	—	595.00	—
		防腐内胶带	m^2	684.75	—	1007.58	—	1385.54	—
		防腐外胶带	m^2	505.38	—	743.14	—	1022.66	—
		煤焦油沥青漆	kg	181.90	—	267.50	—	368.08	—
		镁阳极 MUG-3	kg	72.00	—	120.00	—	152.00	—
		玻璃钢测试桩	个	2.00	—	2.00	—	2.00	—
		长效参比电极	支	2.00	—	2.00	—	2.00	—
		绝缘接头 JY25	个	0.50	—	0.50	—	0.50	—
		警示带(20#通用型）	m	1080.00	—	1080.00	—	1080.00	—
		型钢（综合）	kg	210.00	—	210.00	—	210.00	—
		其他材料费	元	37475	—	42491	—	47510	—
		措施费分摊	元	10495	—	14453	—	19247	—
		材料费小计	元	137758	53.29	200100	56.21	280306	59.12
	机械费	缠绕机	台班	9.20	—	13.53	—	18.61	—
		直流电焊机 20kW	台班	34.59	—	55.75	—	62.73	—
		超声波探伤机 CTS-26	台班	0.85	—	0.85	—	1.64	—
		空压机 $6m^3/min$	台班	2.84	—	3.14	—	3.14	—
		载重汽车 4t	台班	0.47	—	0.48	—	0.63	—
		自卸汽车 4.5t	台班	3.26	—	4.12	—	4.98	—
		汽车起重机 5t	台班	9.18	—	13.50	—	18.58	—
		其他机械费	元	9554	—	9732	—	9816	—
		措施费分摊	元	603	—	831	—	1106	—
		机械费小计	元	18668	7.22	22958	6.45	26724	5.64
	直接费小计		元	213121	—	293491	—	390843	—
综合费用			元	45395	17.56	62514	17.56	83250	17.56
合计			元	258516	—	356005	—	474093	—

工程内容：管沟开挖，回填土方，余土外运，沟内警示带敷设，施工护栏设置，管道防腐、补口，管道及附件、阴极保护、绝缘接头、测试桩安装，管道探伤、试压、吹扫等。

单位：km

指标编号				7F-004		7F-005		7F-006	
项目			单位	管径（mm）					
				300	占指标基价（%）	400	占指标基价（%）	500	占指标基价（%）
指标基价			元	669304	100.00	901607	100.00	1221417	100.00
一、建筑安装工程费			元	669304	100.00	901607	100.00	1221417	100.00
二、设备购置费			元	—	—	—	—	—	—
建筑安装工程费									
直接费	人工费	人工	工日	3470	—	5051	—	6134	—
		措施费分摊	元	2499	—	3366	—	4560	—
		人工费小计	元	110173	16.46	160099	17.76	194898	15.96
	材料费	无缝钢管（综合价）	m	1007.00	—	1005.00	—	1003.00	—
		无缝钢管管件(综合价）	kg	1144.00	—	1954.00	—	3443.00	—
		防腐内胶带	m^2	2056.50	—	2695.39	—	3350.10	—
		防腐外胶带	m^2	1517.60	—	1988.74	—	2470.10	—
		煤焦油沥青漆	kg	546.24	—	715.83	—	889.17	—
		镁阳极 MUG-3	kg	240.00	—	288.00	—	352.00	—
		玻璃钢测试桩	个	2.00	—	2.00	—	2.00	—
		长效参比电极	支	2.00	—	2.00	—	2.00	—
		绝缘接头 JY25	个	0.50	—	0.50	—	0.50	—
		警示带(20#通用型）	m	1080.00	—	1080.00	—	2160.00	—
		型钢（综合）	kg	210.00	—	210.00	—	210.00	—
		其他材料费	元	57541	—	68930	—	79659	—
		措施费分摊	元	27172	—	36603	—	49587	—
		材料费小计	元	403068	60.22	534889	59.32	753538	61.69
	机械费	缠绕机	台班	27.61	—	36.18	—	44.93	—
		直流电焊机 20kW	台班	96.75	—	140.22	—	167.58	—
		超声波探伤机 CTS-26	台班	2.44	—	3.16	—	4.05	—
		空压机 $6m^3/min$	台班	3.34	—	3.64	—	3.94	—
		载重汽车 4t	台班	0.65	—	0.81	—	0.97	—
		载重汽车 5t	台班	3.02	—	4.03	—	5.04	—
		自卸汽车 4.5t	台班	7.27	—	9.58	—	13.04	—
		汽车起重机 5t	台班	33.63	—	43.23	—	55.03	—
		其他机械费	元	10043	—	10388	—	10733	—
		措施费分摊	元	1562	—	2104	—	2850	—
		机械费小计	元	38535	5.76	48299	5.36	58503	4.79
	直接费小计		元	551776	—	743287	—	1006939	—
综合费用			元	117528	17.56	158320	17.56	214478	17.56
合　计			元	669304	—	901607	—	1221417	—

工程内容：管沟开挖，回填土方，余土外运，沟内警示带敷设，施工护栏设置，管道防腐、补口，管道及附件、阴极保护、绝缘接头、测试桩安装，管道探伤、试压、吹扫等。

单位：km

指标编号				7F-007		7F-008		7F-009	
项目			单位	管径（mm）					
				600	占指标基价（%）	700	占指标基价(%）	800	占指标基价(%）
指标基价			元	1532479	100.00	1852968	100.00	2111800	100.00
一、建筑安装工程费			元	1532479	100.00	1852968	100.00	2111800	100.00
二、设备购置费			元	—	—	—	—	—	—
建筑安装工程费									
直接费	人工费	人工	工日	7174	—	8088	—	9104	—
		措施费分摊	元	5721	—	6917	—	7884	—
		人工费小计	元	228330	14.90	257888	13.92	290381	13.75
	材料费	无缝钢管（综合价）	m	1003.00	—	1003.00	—	1003.00	—
		无缝钢管管件(综合价）	kg	5007.00	—	5622.00	—	6310.00	—
		防腐内胶带	m^2	3988.99	—	4559.20	—	5191.31	—
		防腐外胶带	m^2	2941.24	—	3361.87	—	3828.63	—
		煤焦油沥青漆	kg	1058.77	—	1210.17	—	1378.16	—
		镁阳极 MUG-3	kg	440.00	—	506.00	—	572.00	—
		玻璃钢测试桩	个	2.00	—	2.00	—	2.00	—
		长效参比电极	支	2.00	—	2.00	—	2.00	—
		绝缘接头 JY25	个	0.50	—	0.50	—	0.50	—
		警示带(20#通用型）	m	2160.00	—	2160.00	—	2160.00	—
		型钢（综合）	kg	210.00	—	210.00	—	210.00	—
		其他材料费	元	92172	—	100761	—	113394	—
		措施费分摊	元	62215	—	75227	—	85735	—
		材料费小计	元	967027	63.10	1192972	64.38	1361200	64.46
	机械费	缠绕机	台班	53.51	—	61.16	—	69.65	—
		直流电焊机 20kW	台班	172.23	—	179.90	—	192.58	—
		超声波探伤机 CTS-26	台班	4.42	—	5.47	—	6.58	—
		空压机 $6m^3/min$	台班	4.24	—	4.54	—	4.74	—
		载重汽车 4t	台班	1.29	—	1.45	—	1.61	—
		载重汽车 5t	台班	5.06	—	7.06	—	8.30	—
		汽车起重机 5t	台班	68.61	—	78.31	—	69.55	—
		汽车起重机 8t	台班	—	—	—	—	21.83	—
		自卸汽车 4.5t	台班	17.61	—	22.39	—	27.89	—
		其他机械费	元	11210	—	11500	—	11801	—
		措施费分摊	元	3576	—	4323	—	4927	—
		机械费小计	元	68022	4.44	76731	4.14	89392	4.23
	直接费小计		元	1263379	—	1527591	—	1740973	—
综合费用			元	269100	17.56	325377	17.56	370827	17.56
合计			元	1532479	—	1852968	—	2111800	—

工程内容：管沟开挖，回填土方，余土外运，沟内警示带敷设，施工护栏设置，管道防腐、补口，管道及附件、阴极保护、绝缘接头、测试桩安装，管道探伤、试压、吹扫等。

单位：km

指标编号				7F-010		7F-011	
项目			单位	管径（mm）			
				900	占指标基价（%）	1000	占指标基价（%）
指标基价			元	2512640	100.00	2811510	100.00
一、建筑安装工程费			元	2512640	100.00	2811510	100.00
二、设备购置费			元	—	—	—	—
建筑安装工程费							
直接费	人工费	人工	工日	10643	—	11810	—
		措施费分摊	元	9380	—	10496	—
		人工费小计	元	339632	13.52	376960	13.41
	材料费	无缝钢管（综合价）	m	1003.00	—	1003.00	—
		无缝钢管管件（综合价）	kg	7390.00	—	9140.00	—
		防腐内胶带	m^2	5823.42	—	6457.57	—
		防腐外胶带	m^2	4295.39	—	4761.94	—
		煤焦油沥青漆	kg	1546.15	—	1714.14	—
		镁阳极 MUG-3	kg	638.00	—	726.00	—
		玻璃钢测试桩	个	2.00	—	2.00	—
		长效参比电极	支	2.00	—	2.00	—
		绝缘接头 JY25	个	0.50	—	0.50	—
		警示带($20^{\#}$通用型)	m	2160.00	—	2160.00	—
		型钢（综合）	kg	210.00	—	210.00	—
		其他材料费	元	124010	—	138028	—
		措施费分摊	元	102008	—	114141	—
		材料费小计	元	1632165	64.95	1824362	64.89
	机械费	缠绕机	台班	78.14	—	86.63	—
		直流电焊机 20kW	台班	206.41	—	240.48	—
		超声波探伤机 CTS-26	台班	7.57	—	8.84	—
		空压机 $6m^3/min$	台班	5.04	—	5.34	—
		载重汽车 4t	台班	1.77	—	1.94	—
		载重汽车 5t	台班	8.35	—	9.46	—
		汽车起重机 5t	台班	78.03	—	86.51	—
		汽车起重机 8t	台班	24.83	—	—	—
		汽车起重机 12t	台班	—	—	28.16	—
		自卸汽车 4.5t	台班	34.01	—	40.86	—
		其他机械费	元	12134	—	12500	—
		措施费分摊	元	5863	—	6560	—
		机械费小计	元	99629	3.97	116493	4.14
	直接费小计		元	2071426	—	2317815	—
综合费用			元	441214	17.56	493695	17.56
合计			元	2512640	—	2811510	—

（2）钢管埋设深度1.5m以内

工程内容：管沟开挖，回填土方，余土外运，沟内警示带敷设，施工护栏设置，管道防腐、补口，管道及附件、阴极保护、绝缘接头、测试桩安装，管道探伤、试压、吹扫等。

单位：km

指标编号				7F-012		7F-013		7F-014	
项目			单位	管径（mm）					
				100	占指标基价（%）	150	占指标基价（%）	200	占指标基价（%）
指标基价			元	310173	100.00	412020	100.00	533473	100.00
一、建筑安装工程费			元	310173	100.00	412020	100.00	533473	100.00
二、设备购置费			元	—	—	—	—	—	—
建筑安装工程费									
直接费	人工费	人工	工日	3087	—	3627	—	4128	—
		措施费分摊	元	1158	—	1538	—	1992	—
		人工费小计	元	96948	31.26	114084	27.69	130084	24.38
	材料费	无缝钢管（综合价）	m	1012.00	—	1010.00	—	1009.00	—
		无缝钢管管件（综合价）	kg	105.00	—	292.00	—	595.00	—
		防腐内胶带	m^2	684.75	—	1007.58	—	1385.54	—
		防腐外胶带	m^2	505.38	—	743.14	—	1022.66	—
		煤焦油沥青漆	kg	181.90	—	267.50	—	368.08	—
		镁阳极 MUG-3	kg	72.00	—	120.00	—	152.00	—
		玻璃钢测试桩	个	2.00	—	2.00	—	2.00	—
		长效参比电极	支	2.00	—	2.00	—	2.00	—
		绝缘接头 JY25	个	0.50	—	0.50	—	0.50	—
		警示带(20#通用型）	m	1080.00	—	1080.00	—	1080.00	—
		型钢（综合）	kg	210.00	—	210.00	—	210.00	—
		其他材料费	元	37590	—	42615	—	47642	—
		措施费分摊	元	12592	—	16727	—	21658	—
		材料费小计	元	139970	45.12	202498	49.15	282849	53.02
	机械费	缠绕机	台班	9.20	—	13.53	—	18.61	—
		直流电焊机 20kW	台班	34.59	—	55.75	—	62.73	—
		超声波探伤机 CTS-26	台班	0.85	—	0.85	—	1.64	—
		空压机 $6m^3/min$	台班	2.84	—	3.14	—	3.14	—
		载重汽车 4t	台班	0.47	—	0.48	—	0.63	—
		汽车起重机 5t	台班	9.18	—	13.50	—	18.58	—
		自卸汽车 4.5t	台班	3.26	—	4.12	—	4.98	—
		其他机械费	元	9554	—	9732	—	9816	—
		措施费分摊	元	724	—	961	—	1245	—
		机械费小计	元	18789	6.06	23088	5.60	26863	5.04
	直接费小计		元	255707	—	339670	—	439796	—
综合费用			元	54466	17.56	72350	17.56	93677	17.56
合计			元	310173	—	412020	—	533473	—

工程内容： 管沟开挖，回填土方，余土外运，沟内警示带敷设，施工护栏设置，管道防腐、补口，管道及附件、阴极保护、绝缘接头、测试桩安装，管道探伤、试压、吹扫等。

单位：km

指标编号				7F-015		7F-016		7F-017	
项目			单位	管径（mm）					
				300	占指标基价（%）	400	占指标基价（%）	500	占指标基价（%）
指标基价			元	735845	100.00	959302	100.00	1284428	100.00
一、建筑安装工程费			元	735845	100.00	959302	100.00	1284428	100.00
二、设备购置费			元	—	—	—	—	—	—
建筑安装工程费									
直接费	人工费	人工	工日	5133	—	6494	—	7710	—
		措施费分摊	元	2747	—	3581	—	4795	—
		人工费小计	元	162024	22.02	205090	21.38	244036	19.00
	材料费	无缝钢管（综合价）	m	1007.00	—	1005.00	—	1003.00	—
		无缝钢管管件（综合价）	kg	1144.00	—	1954.00	—	3443.00	—
		防腐内胶带	m^2	2056.50	—	2695.39	—	3350.10	—
		防腐外胶带	m^2	1517.60	—	1988.74	—	2470.10	—
		煤焦油沥青漆	kg	546.24	—	715.83	—	889.17	—
		镁阳极 MUG-3	kg	240.00	—	288.00	—	352.00	—
		玻璃钢测试桩	个	2.00	—	2.00	—	2.00	—
		长效参比电极	支	2.00	—	2.00	—	2.00	—
		绝缘接头 JY25	个	0.50	—	0.50	—	0.50	—
		警示带(20#通用型）	m	1080.00	—	1080.00	—	2160.00	—
		型钢（综合）	kg	210.00	—	210.00	—	210.00	—
		其他材料费	元	57689	—	69026	—	79762	—
		措施费分摊	元	29874	—	38946	—	52145	—
		材料费小计	元	405918	55.16	537328	56.01	756199	58.87
	机械费	缠绕机	台班	27.61	—	36.18	—	44.93	—
		直流电焊机 20kW	台班	96.75	—	140.22	—	167.58	—
		超声波探伤机 CTS-26	台班	2.44	—	3.16	—	4.05	—
		空压机 $6m^3/min$	台班	3.34	—	3.64	—	3.94	—
		载重汽车 4t	台班	0.65	—	0.81	—	0.97	—
		载重汽车 5t	台班	3.02	—	4.03	—	5.04	—
		汽车起重机 5t	台班	33.63	—	43.23	—	55.03	—
		自卸汽车 4.5t	台班	7.27	—	9.58	—	13.04	—
		其他机械费	元	10043	—	10388	—	10733	—
		措施费分摊	元	1717	—	2238	—	2997	—
		机械费小计	元	38690	5.26	48433	5.05	58650	4.57
	直接费小计		元	606632	—	790851	—	1058885	—
综合费用			元	129213	17.56	168451	17.56	225543	17.56
合计			元	735845	—	959302	—	1284428	—

工程内容：管沟开挖，回填土方，余土外运，沟内警示带敷设，施工护栏设置，管道防腐、补口，管道及附件、阴极保护、绝缘接头、测试桩安装，管道探伤、试压、吹扫等。

单位：km

指标编号				7F-018		7F-019		7F-020	
项目			单位	管径（mm）					
				600	占指标基价（%）	700	占指标基价（%）	800	占指标基价（%）
指标基价			元	1604083	100.00	1930327	100.00	2195115	100.00
一、建筑安装工程费			元	1604083	100.00	1930327	100.00	2195115	100.00
二、设备购置费			元	—	—	—	—	—	—
建筑安装工程费									
直接费	人工费	人工	工日	8965	—	10023	—	11188	—
		措施费分摊	元	5988	—	7206	—	8195	—
		人工费小计	元	284172	17.72	318220	16.49	355359	16.19
	材料费	无缝钢管（综合价）	m	1003.00	—	1003.00	—	1003.00	—
		无缝钢管管件（综合价）	kg	5007.00	—	5622.00	—	6310.00	—
		防腐内胶带	m^2	3988.99	—	4559.20	—	5191.31	—
		防腐外胶带	m^2	2941.24	—	3361.87	—	3828.63	—
		煤焦油沥青漆	kg	1058.77	—	1210.17	—	1378.16	—
		镁阳极 MUG-3	kg	440.00	—	506.00	—	572.00	—
		玻璃钢测试桩	个	2.00	—	2.00	—	2.00	—
		长效参比电极	支	2.00	—	2.00	—	2.00	—
		绝缘接头 JY25	个	0.50	—	0.50	—	0.50	—
		警示带(20#通用型）	m	2160.00	—	2160.00	—	2160.00	—
		型钢（综合）	kg	210.00	—	210.00	—	210.00	—
		其他材料费	元	92287	—	100883	—	113524	—
		措施费分摊	元	65122	—	78367	—	89117	—
		材料费小计	元	970049	60.47	1196234	61.97	1364712	62.17
	机械费	缠绕机	台班	53.51	—	61.16	—	69.65	—
		直流电焊机 20kW	台班	172.23	—	179.90	—	192.58	—
		超声波探伤机 CTS-26	台班	4.42	—	5.47	—	6.58	—
		空压机 $6m^3/min$	台班	4.24	—	4.54	—	4.74	—
		载重汽车 4t	台班	1.29	—	1.45	—	1.61	—
		载重汽车 5t	台班	5.06	—	7.06	—	8.30	—
		汽车起重机 5t	台班	68.61	—	78.31	—	69.55	—
		汽车起重机 8t	台班	—	—	—	—	21.83	—
		自卸汽车 4.5t	台班	17.61	—	22.39	—	27.89	—
		其他机械费	元	11210	—	11500	—	11801	—
		措施费分摊	元	3743	—	4504	—	5122	—
		机械费小计	元	68189	4.25	76912	3.98	89587	4.08
	直接费小计		元	1322410	—	1591366	—	1809658	—
综合费用			元	281673	17.56	338961	17.56	385457	17.56
合计			元	1604083	—	1930327	—	2195115	—

工程内容：管沟开挖，回填土方，余土外运，沟内警示带敷设，施工护栏设置，管道防腐、补口，管道及附件、阴极保护、绝缘接头、测试桩安装，管道探伤、试压、吹扫等。

单位：km

指标编号				7F-021		7F-022	
项目			单位	管径（mm）			
				900	占指标基价（%）	1000	占指标基价（%）
指标基价			元	2581400	100.00	2883151	100.00
一、建筑安装工程费			元	2581400	100.00	2883151	100.00
二、设备购置费			元	—	—	—	—
建筑安装工程费							
直接费	人工费	人工	工日	12362	—	13601	—
		措施费分摊	元	9637	—	10763	—
		人工费小计	元	393230	15.23	432802	15.01
	材料费	无缝钢管（综合价）	m	1003.00	—	1003.00	—
		无缝钢管管件（综合价）	kg	7390.00	—	9140.00	—
		防腐内胶带	m^2	5823.42	—	6457.57	—
		防腐外胶带	m^2	4295.39	—	4761.94	—
		煤焦油沥青漆	kg	1546.15	—	1714.14	—
		镁阳极 MUG-3	kg	638.00	—	726.00	—
		玻璃钢测试桩	个	2.00	—	2.00	—
		长效参比电极	支	2.00	—	2.00	—
		绝缘接头 JY25	个	0.50	—	0.50	—
		警示带(20#通用型）	m	2160.00	—	2160.00	—
		型钢（综合）	kg	210.00	—	210.00	—
		其他材料费	元	124147	—	138171	—
		措施费分摊	元	104799	—	117050	—
		材料费小计	元	1635093	63.34	1827414	63.38
	机械费	缠绕机	台班	78.14	—	86.63	—
		直流电焊机 20kW	台班	206.41	—	240.48	—
		超声波探伤机 CTS-26	台班	7.57	—	8.84	—
		空压机 $6m^3/min$	台班	5.04	—	5.34	—
		载重汽车 4t	台班	1.77	—	1.94	—
		载重汽车 5t	台班	8.35	—	9.46	—
		汽车起重机 5t	台班	78.03	—	86.51	—
		汽车起重机 8t	台班	24.83	—	—	—
		汽车起重机 12t	台班	—	—	28.16	—
		自卸汽车 4.5t	台班	34.01	—	40.86	—
		其他机械费	元	12134	—	12500	—
		措施费分摊	元	6023	—	6727	—
		机械费小计	元	99789	3.87	116660	4.05
	直接费小计		元	2128112	—	2376876	—
综合费用			元	453288	17.56	506275	17.56
合计			元	2581400	—	2883151	—

（3）钢管埋设深度 2m 以内

工程内容： 管沟开挖，回填土方，余土外运，沟内警示带敷设，施工护栏设置，管道防腐、补口，管道及附件、阴极保护、绝缘接头、测试桩安装，管道探伤、试压、吹扫等。

单位：km

指标编号				7F-023		7F-024		7F-025	
项目			单位	管径（mm）					
				100	占指标基价（%）	150	占指标基价（%）	200	占指标基价（%）
指标基价			元	363627	100.00	468915	100.00	593083	100.00
一、建筑安装工程费			元	363627	100.00	468915	100.00	593083	100.00
二、设备购置费			元	—	—	—	—	—	—
建筑安装工程费									
直接费	人工费	人工	工日	4424	—	5050	—	5619	—
		措施费分摊	元	1357	—	1751	—	2214	—
		人工费小计	元	138634	38.13	158453	33.79	176572	29.77
	材料费	无缝钢管（综合价）	m	1012.00	—	1010.00	—	1009.00	—
		无缝钢管管件（综合价）	kg	105.00	—	292.00	—	595.00	—
		防腐内胶带	m^2	684.75	—	1007.58	—	1385.54	—
		防腐外胶带	m^2	505.38	—	743.14	—	1022.66	—
		煤焦油沥青漆	kg	181.90	—	267.50	—	368.08	—
		镁阳极 MUG-3	kg	72.00	—	120.00	—	152.00	—
		玻璃钢测试桩	个	2.00	—	2.00	—	2.00	—
		长效参比电极	支	2.00	—	2.00	—	2.00	—
		绝缘接头 JY25	个	0.50	—	0.50	—	0.50	—
		警示带(20#通用型）	m	1080.00	—	1080.00	—	1080.00	—
		型钢（综合）	kg	210.00	—	210.00	—	210.00	—
		其他材料费	元	37677	—	42708	—	47738	—
		措施费分摊	元	14763	—	19037	—	24078	—
		材料费小计	元	142228	39.11	204901	43.70	285365	48.12
	机械费	缠绕机	台班	9.20	—	13.53	—	18.61	—
		直流电焊机 20kW	台班	34.59	—	55.75	—	62.73	—
		超声波探伤机 CTS-26	台班	0.85	—	0.85	—	1.64	—
		空压机 $6m^3/min$	台班	2.84	—	3.14	—	3.14	—
		载重汽车 4t	台班	0.47	—	0.48	—	0.63	—
		汽车起重机 5t	台班	9.18	—	13.50	—	18.58	—
		自卸汽车 4.5t	台班	3.26	—	4.21	—	4.98	—
		其他机械费	元	9554	—	9700	—	9816	—
		措施费分摊	元	848	—	1094	—	1384	—
		机械费小计	元	18913	5.20	23221	4.95	27002	4.55
	直接费小计		元	299775	—	386575	—	488939	—
综合费用			元	63852	17.56	82340	17.56	104144	17.56
合计			元	363627	—	468915	—	593083	—

工程内容：管沟开挖，回填土方，余土外运，沟内警示带敷设，施工护栏设置，管道防腐、补口，管道及附件、阴极保护、绝缘接头、测试桩安装，管道探伤、试压、吹扫等。

单位：km

指标编号				7F-026		7F-027		7F-028	
项目			单位	管径（mm）					
				300	占指标基价（%）	400	占指标基价（%）	500	占指标基价（%）
指标基价			元	801092	100.00	1014142	100.00	1342947	100.00
一、建筑安装工程费			元	801092	100.00	1014142	100.00	1342947	100.00
二、设备购置费			元	—	—	—	—	—	—
建筑安装工程费									
直接费	人工费	人工	工日	6765	—	7865	—	9173	—
		措施费分摊	元	2991	—	3786	—	5013	—
		人工费小计	元	212909	26.58	247837	24.44	289651	21.57
	材料费	无缝钢管（综合价）	m	1007.00	—	1005.00	—	1003.00	—
		无缝钢管管件（综合价）	kg	1144.00	—	1954.00	—	3443.00	—
		防腐内胶带	m^2	2056.50	—	2695.39	—	3350.10	—
		防腐外胶带	m^2	1517.60	—	1988.74	—	2470.10	—
		煤焦油沥青漆	kg	546.24	—	715.83	—	889.17	—
		镁阳极 MUG-3	kg	240.00	—	288.00	—	352.00	—
		玻璃钢测试桩	个	2.00	—	2.00	—	2.00	—
		长效参比电极	支	2.00	—	2.00	—	2.00	—
		绝缘接头 JY25	个	0.50	—	0.50	—	0.50	—
		警示带(20#通用型)	m	1080.00	—	1080.00	—	2160.00	—
		型钢（综合）	kg	210.00	—	210.00	—	210.00	—
		其他材料费	元	57793	—	69135	—	79879	—
		措施费分摊	元	32523	—	41172	—	54521	—
		材料费小计	元	408671	51.01	539663	53.21	758692	56.49
	机械费	缠绕机	台班	27.61	—	36.18	—	44.93	—
		直流电焊机 20kW	台班	96.75	—	140.22	—	167.58	—
		超声波探伤机 CTS-26	台班	2.44	—	3.16	—	4.05	—
		空压机 $6m^3/min$	台班	3.34	—	3.64	—	3.94	—
		载重汽车 4t	台班	0.65	—	0.81	—	0.97	—
		载重汽车 5t	台班	3.02	—	4.03	—	5.04	—
		汽车起重机 5t	台班	33.63	—	43.23	—	55.03	—
		自卸汽车 4.5t	台班	7.27	—	9.58	—	13.04	—
		其他机械费	元	10043	—	10388	—	10733	—
		措施费分摊	元	1869	—	2366	—	3133	—
		机械费小计	元	38842	4.85	48561	4.79	58786	4.38
	直接费小计		元	660422	—	836061	—	1107129	—
综合费用			元	140670	17.56	178081	17.56	235818	17.56
合计			元	801092	—	1014142	—	1342947	—

工程内容： 管沟开挖，回填土方，余土外运，沟内警示带敷设，施工护栏设置，管道防腐、补口，管道及附件、阴极保护、绝缘接头、测试桩安装，管道探伤、试压、吹扫等。

单位：km

指标编号				7F-029		7F-030		7F-031	
项目			单位	管径（mm）					
				600	占指标基价（%）	700	占指标基价（%）	800	占指标基价（%）
指标基价			元	1668683	100.00	1998769	100.00	2267397	100.00
一、建筑安装工程费			元	1668683	100.00	1998769	100.00	2267397	100.00
二、设备购置费			元	—	—	—	—	—	—
建筑安装工程费									
直接费	人工费	人工	工日	10580	—	11734	—	12995	—
		措施费分摊	元	6229	—	7462	—	8465	—
		人工费小计	元	334526	20.05	371568	18.59	411700	18.16
	材料费	无缝钢管（综合价）	m	1003.00	—	1003.00	—	1003.00	—
		无缝钢管管件（综合价）	kg	5007.00	—	5622.00	—	6310.00	—
		防腐内胶带	m^2	3988.99	—	4559.20	—	5191.31	—
		防腐外胶带	m^2	2941.24	—	3361.87	—	3828.63	—
		煤焦油沥青漆	kg	1058.77	—	1210.17	—	1378.16	—
		镁阳极 MUG-3	kg	440.00	—	506.00	—	572.00	—
		玻璃钢测试桩	个	2.00	—	2.00	—	2.00	—
		长效参比电极	支	2.00	—	2.00	—	2.00	—
		绝缘接头 JY25	个	0.50	—	0.50	—	0.50	—
		警示带(20#通用型)	m	2160.00	—	2160.00	—	2160.00	—
		型钢（综合）	kg	210.00	—	210.00	—	210.00	—
		其他材料费	元	92416	—	101020	—	113669	—
		措施费分摊	元	67745	—	81146	—	92052	—
		材料费小计	元	972801	58.30	1199150	59.99	1367792	60.32
	机械费	缠绕机	台班	53.51	—	61.16	—	69.65	—
		直流电焊机 20kW	台班	172.23	—	179.90	—	192.58	—
		超声波探伤机 CTS－26	台班	4.42	—	5.47	—	6.58	—
		空压机 $6m^3/min$	台班	4.24	—	4.54	—	4.74	—
		载重汽车 4t	台班	1.29	—	1.45	—	1.61	—
		载重汽车 5t	台班	5.06	—	7.06	—	8.30	—
		汽车起重机 5t	台班	68.61	—	78.31	—	69.55	—
		汽车起重机 8t	台班	—	—	—	—	21.83	—
		自卸汽车 4.5t	台班	17.61	—	22.39	—	27.89	—
		其他机械费	元	11210	—	11500	—	11801	—
		措施费分摊	元	3893	—	4664	—	5290	—
		机械费小计	元	68339	4.10	77072	3.86	89755	3.96
	直接费小计		元	1375666	—	1647790	—	1869247	—
综合费用			元	293017	17.56	350979	17.56	398150	17.56
合计			元	1668683	—	1998769	—	2267397	—

工程内容：管沟开挖，回填土方，余土外运，沟内警示带敷设，施工护栏设置，管道防腐、补口，管道及附件、阴极保护、绝缘接头、测试桩安装，管道探伤、试压、吹扫等。

单位：km

指标编号				7F-032		7F-033	
项目			单位	管径（mm）			
				900	占指标基价（%）	1000	占指标基价（%）
指标基价			元	2657523	100.00	2964272	100.00
一、建筑安装工程费			元	2657523	100.00	2964272	100.00
二、设备购置费			元	—	—	—	—
建筑安装工程费							
直接费	人工费	人工	工日	14265	—	15629	—
		措施费分摊	元	9921	—	11066	—
		人工费小计	元	452564	17.03	496034	16.73
	材料费	无缝钢管（综合价）	m	1003.00	—	1003.00	—
		无缝钢管管件（综合价）	kg	7390.00	—	9140.00	—
		防腐内胶带	m^2	5823.42	—	6457.57	—
		防腐外胶带	m^2	4295.39	—	4761.94	—
		煤焦油沥青漆	kg	1546.15	—	1714.14	—
		镁阳极 MUG-3	kg	638.00	—	726.00	—
		玻璃钢测试桩	个	2.00	—	2.00	—
		长效参比电极	支	2.00	—	2.00	—
		绝缘接头 JY25	个	0.50	—	0.50	—
		警示带(20#通用型）	m	2160.00	—	2160.00	—
		型钢（综合）	kg	210.00	—	210.00	—
		其他材料费	元	124300	—	138334	—
		措施费分摊	元	107890	—	120343	—
		材料费小计	元	1638337	61.65	1830870	61.77
	机械费	缠绕机	台班	78.14	—	86.63	—
		直流电焊机 20kW	台班	206.41	—	240.48	—
		超声波探伤机 CTS-26	台班	7.57	—	8.84	—
		空压机 $6m^3/min$	台班	5.04	—	5.34	—
		载重汽车 4t	台班	1.77	—	1.94	—
		载重汽车 5t	台班	8.35	—	9.46	—
		汽车起重机 5t	台班	78.03	—	86.51	—
		汽车起重机 8t	台班	24.83	—	—	—
		汽车起重机 12t	台班	—	—	28.16	—
		自卸汽车 4.5t	台班	34.01	—	40.86	—
		其他机械费	元	12134	—	12500	—
		措施费分摊	元	6201	—	6916	—
		机械费小计	元	99967	3.76	116849	3.94
	直接费小计		元	2190868	—	2443753	—
综合费用			元	466655	17.56	520519	17.56
合计			元	2657523	—	2964272	—

（4）钢管埋设深度1m以内(带支挡土板)

工程内容：管沟开挖，回填土方，余土外运，钢支挡土板搭拆，沟内警示带敷设，施工护栏设置，管道防腐、补口，管道及附件，阴极保护、绝缘接头、测试桩安装，管道探伤、试压、吹扫等。

单位：km

指标编号				7F-034		7F-035		7F-036	
项目			单位	管径（mm）					
				400	占指标基价(%)	500	占指标基价(%)	600	占指标基价(%)
指标基价			元	931008	100.00	1250722	100.00	1589888	100.00
一、建筑安装工程费			元	931008	100.00	1250722	100.00	1589888	100.00
二、设备购置费			元	—	—	—	—	—	—
建筑安装工程费									
直接费	人工费	人工	工日	5112	—	6147	—	7845	—
		措施费分摊	元	3476	—	4669	—	5935	—
		人工费小计	元	162101	17.41	195410	15.62	249365	15.68
	材料费	无缝钢管（综合价）	m	1005.00	—	1003.00	—	1003.00	—
		无缝钢管管件（综合价）	kg	1954.00	—	3443.00	—	5007.00	—
		防腐内胶带	m^2	2695.39	—	3350.10	—	3988.99	—
		防腐外胶带	m^2	1988.74	—	2470.10	—	2941.24	—
		煤焦油沥青漆	kg	715.83	—	889.17	—	1058.77	—
		镁阳极 MUG-3	kg	288.00	—	352.00	—	440.00	—
		玻璃钢测试桩	个	2.00	—	2.00	—	2.00	—
		长效参比电极	支	2.00	—	2.00	—	2.00	—
		绝缘接头 JY25	个	0.50	—	0.50	—	0.50	—
		警示带(20#通用型)	m	1080.00	—	2160.00	—	2160.00	—
		型钢（综合）	kg	210.00	—	210.00	—	210.00	—
		板方材	m^3	1.81	—	1.93	—	2.05	—
		钢挡土板	t	2.77	—	2.96	—	3.15	—
		其他材料费	元	79329	—	90754	—	103986	—
		措施费分摊	元	37797	—	50777	—	64546	—
		材料费小计	元	557057	59.83	777117	62.13	993186	62.47
	机械费	缠绕机	台班	36.18	—	44.93	—	53.51	—
		直流电焊机 20kW	台班	140.22	—	167.58	—	172.23	—
		超声波探伤机 CTS-26	台班	3.16	—	4.05	—	4.42	—
		空压机 $6m^3/min$	台班	3.64	—	3.94	—	4.24	—
		载重汽车 4t	台班	0.81	—	0.97	—	1.29	—
		载重汽车 5t	台班	4.03	—	5.04	—	5.06	—
		汽车起重机 5t	台班	43.23	—	55.03	—	68.61	—
		自卸汽车 4.5t	台班	9.58	—	13.04	—	17.61	—
		其他机械费	元	10388	—	10733	—	11210	—
		措施费分摊	元	2172	—	2918	—	3710	—
		机械费小计	元	48367	5.20	58571	4.68	68156	4.29
	直接费小计		元	767525	—	1031098	—	1310707	—
综合费用			元	163483	17.56	219624	17.56	279181	17.56
合计			元	931008	—	1250722	—	1589888	—

工程内容：管沟开挖，回填土方，余土外运，钢支挡土板搭拆，沟内警示带敷设，施工护栏设置，管道防腐、补口，管道及附件、阴极保护、绝缘接头、测试桩安装，管道探伤、试压、吹扫等。

单位：km

指标编号				7F-037		7F-038	
项目			单位	管径（mm）			
				700	占指标基价（%）	800	占指标基价（%）
指标基价			元	1881247	100.00	2131189	100.00
一、建筑安装工程费			元	1881247	100.00	2131189	100.00
二、设备购置费			元	—	—	—	—
建筑安装工程费							
直接费	人工费	人工	工日	7985	—	8732	—
		措施费分摊	元	7023	—	7956	—
		人工费小计	元	254798	13.54	278910	13.09
	材料费	无缝钢管（综合价）	m	1003.00	—	1003.00	—
		无缝钢管管件（综合价）	kg	5622.00	—	6310.00	—
		防腐内胶带	m^2	4559.20	—	5191.31	—
		防腐外胶带	m^2	3361.87	—	3828.63	—
		煤焦油沥青漆	kg	1210.17	—	1378.16	—
		镁阳极 MUG-3	kg	506.00	—	572.00	—
		玻璃钢测试桩	个	2.00	—	2.00	—
		长效参比电极	支	2.00	—	2.00	—
		绝缘接头 JY25	个	0.50	—	0.50	—
		警示带(20#通用型）	m	2160.00	—	2160.00	—
		型钢（综合）	kg	210.00	—	210.00	—
		板方材	m^3	2.17	—	2.30	—
		钢挡土板	t	3.33	—	3.52	—
		其他材料费	元	113245	—	126577	—
		措施费分摊	元	76375	—	86522	—
		材料费小计	元	1219309	64.81	1388609	65.15
	机械费	缠绕机	台班	61.16	—	69.65	—
		直流电焊机 20kW	台班	179.90	—	192.58	—
		超声波探伤机 CTS-26	台班	5.47	—	6.58	—
		空压机 $6m^3/min$	台班	4.54	—	4.74	—
		载重汽车 4t	台班	1.45	—	1.61	—
		载重汽车 5t	台班	7.06	—	8.30	—
		汽车起重机 5t	台班	78.31	—	69.55	—
		汽车起重机 8t	台班	—	—	21.83	—
		自卸汽车 4.5t	台班	22.39	—	27.89	—
		其他机械费	元	11500	—	11801	—
		措施费分摊	元	4389	—	4973	—
		机械费小计	元	76797	4.08	89438	4.20
	直接费小计		元	1550904	—	1756957	—
综合费用			元	330343	17.56	374232	17.56
合计			元	1881247	—	2131189	—

工程内容：管沟开挖，回填土方，余土外运，钢支挡土板搭拆，沟内警示带敷设，施工护栏设置，管道防腐、补口，管道及附件、阴极保护、绝缘接头、测试桩安装，管道探伤、试压、吹扫等。

单位：km

指标编号			单位	7F-039		7F-040	
项目			单位	管径（mm）			
				900	占指标基价（%）	1000	占指标基价（%）
指标基价			元	2534716	100.00	2831581	100.00
一、建筑安装工程费			元	2534716	100.00	2831581	100.00
二、设备购置费			元	—	—	—	—
建筑安装工程费							
直接费	人工费	人工	工日	10293	—	11365	—
		措施费分摊	元	9462	—	10571	—
		人工费小计	元	328854	12.97	363227	12.83
	材料费	无缝钢管（综合价）	m	1003.00	—	1003.00	—
		无缝钢管管件（综合价）	kg	7390.00	—	9140.00	—
		防腐内胶带	m^2	5823.42	—	6457.57	—
		防腐外胶带	m^2	4295.39	—	4761.94	—
		煤焦油沥青漆	kg	1546.15	—	1714.14	—
		镁阳极 MUG-3	kg	638.00	—	726.00	—
		玻璃钢测试桩	个	2.00	—	2.00	—
		长效参比电极	支	2.00	—	2.00	—
		绝缘接头 JY25	个	0.50	—	0.50	—
		警示带(20#通用型）	m	2160.00	—	2160.00	—
		型钢（综合）	kg	210.00	—	210.00	—
		板方材	m^3	2.42	—	2.54	—
		钢挡土板	t	3.71	—	3.89	—
		其他材料费	元	137883	—	152597	—
		措施费分摊	元	102904	—	114956	—
		材料费小计	元	1661092	65.54	1854595	65.49
	机械费	缠绕机	台班	78.14	—	86.63	—
		直流电焊机 20kW	台班	206.41	—	240.48	—
		超声波探伤机 CTS-26	台班	7.57	—	8.84	—
		空压机 6m³/min	台班	5.04	—	5.34	—
		载重汽车 4t	台班	1.77	—	1.94	—
		载重汽车 5t	台班	8.35	—	9.46	—
		汽车起重机 5t	台班	78.03	—	86.51	—
		汽车起重机 8t	台班	24.83	—	—	—
		汽车起重机 12t	台班	—	—	28.16	—
		自卸汽车 4.5t	台班	34.01	—	40.86	—
		其他机械费	元	12134	—	12500	—
		措施费分摊	元	5914	—	6607	—
		机械费小计	元	99680	3.93	116540	4.12
	直接费小计		元	2089626	—	2334362	—
综合费用			元	445090	17.56	497219	17.56
合计			元	2534716	—	2831581	—

（5）钢管埋设深度1.5m以内（带支挡土板）

工程内容： 管沟开挖，回填土方，余土外运，钢支挡土板搭拆，沟内警示带敷设，施工护栏设置，管道防腐、补口，管道及附件、阴极保护、绝缘接头、测试桩安装，管道探伤、试压、吹扫等。

单位：km

指标编号				7F-041		7F-042		7F-043	
项目			单位	管径（mm）					
				100	占指标基价（%）	150	占指标基价（%）	200	占指标基价（%）
指标基价			元	339139	100.00	440573	100.00	561675	100.00
一、建筑安装工程费			元	339139	100.00	440573	100.00	561675	100.00
二、设备购置费			元	—	—	—	—	—	—
建筑安装工程费									
直接费	人工费	人工	工日	3050	—	3550	—	4019	—
		措施费分摊	元	1266	—	1645	—	2097	—
		人工费小计	元	95908	28.28	111802	25.38	126807	22.58
	材料费	无缝钢管（综合价）	m	1012.00	—	1010.00	—	1009.00	—
		无缝钢管管件（综合价）	kg	105.00	—	292.00	—	595.00	—
		防腐内胶带	m^2	684.75	—	1007.58	—	1385.54	—
		防腐外胶带	m^2	505.38	—	743.14	—	1022.66	—
		煤焦油沥青漆	kg	181.90	—	267.50	—	368.08	—
		镁阳极 MUG-3	kg	72.00	—	120.00	—	152.00	—
		玻璃钢测试桩	个	2.00	—	2.00	—	2.00	—
		长效参比电极	支	2.00	—	2.00	—	2.00	—
		绝缘接头 JY25	个	0.50	—	0.50	—	0.50	—
		警示带(20#通用型）	m	1080.00	—	1080.00	—	1080.00	—
		型钢（综合）	kg	210.00	—	210.00	—	210.00	—
		板方材	m^3	2.04	—	2.12	—	2.18	—
		钢挡土板	t	3.13	—	3.25	—	3.35	—
		其他材料费	元	49325	—	54808	—	60182	—
		措施费分摊	元	13768	—	17886	—	22803	—
		材料费小计	元	164823	48.60	228252	51.80	309310	55.07
	机械费	缠绕机	台班	9.20	—	13.53	—	18.61	—
		直流电焊机 20kW	台班	34.59	—	55.75	—	62.73	—
		超声波探伤机 CTS-26	台班	0.85	—	0.85	—	1.64	—
		空压机 $6m^3/min$	台班	2.84	—	3.14	—	3.14	—
		载重汽车 4t	台班	0.47	—	0.48	—	0.63	—
		汽车起重机 5t	台班	9.18	—	13.50	—	18.58	—
		自卸汽车 4.5t	台班	3.26	—	4.12	—	4.98	—
		其他机械费	元	9554	—	9732	—	9816	—
		措施费分摊	元	791	—	1028	—	1311	—
		机械费小计	元	18856	5.56	23155	5.26	26929	4.79
	直接费小计		元	279587	—	363209	—	463046	—
综合费用			元	59552	17.56	77364	17.56	98629	17.56
合计			元	339139	—	440573	—	561675	—

工程内容：管沟开挖，回填土方，余土外运，钢支挡土板搭拆，沟内警示带敷设，施工护栏设置，管道防腐、补口，管道及附件、阴极保护、绝缘接头、测试桩安装，管道探伤、试压、吹扫等。

单位：km

指标编号				7F-044		7F-045		7F-046	
项目			单位	管径（mm）					
				300	占指标基价（%）	400	占指标基价（%）	500	占指标基价（%）
指标基价			元	763080	100.00	981499	100.00	1304529	100.00
一、建筑安装工程费			元	763080	100.00	981499	100.00	1304529	100.00
二、设备购置费			元	—	—	—	—	—	—
建筑安装工程费									
直接费	人工费	人工	工日	4953	—	6151	—	7269	—
		措施费分摊	元	2849	—	3664	—	4870	—
		人工费小计	元	156541	20.51	194530	19.82	230427	17.66
	材料费	无缝钢管（综合价）	m	1007.00	—	1005.00	—	1003.00	—
		无缝钢管管件（综合价）	kg	1144.00	—	1954.00	—	3443.00	—
		防腐内胶带	m^2	2056.50	—	2695.39	—	3350.10	—
		防腐外胶带	m^2	1517.60	—	1988.74	—	2470.10	—
		煤焦油沥青漆	kg	546.24	—	715.83	—	889.17	—
		镁阳极 MUG-3	kg	240.00	—	288.00	—	352.00	—
		玻璃钢测试桩	个	2.00	—	2.00	—	2.00	—
		长效参比电极	支	2.00	—	2.00	—	2.00	—
		绝缘接头 JY25	个	0.50	—	0.50	—	0.50	—
		警示带(20#通用型）	m	1080.00	—	1080.00	—	2160.00	—
		型钢（综合）	kg	210.00	—	210.00	—	210.00	—
		板方材	m^3	2.31	—	2.41	—	2.53	—
		钢挡土板	t	3.54	—	3.69	—	3.88	—
		其他材料费	元	70946	—	82846	—	94275	—
		措施费分摊	元	30979	—	39847	—	52961	—
		材料费小计	元	433791	56.85	566135	57.68	786333	60.28
	机械费	缠绕机	台班	27.61	—	36.18	—	44.93	—
		直流电焊机 20kW	台班	96.75	—	140.22	—	167.58	—
		超声波探伤机 CTS-26	台班	2.44	—	3.16	—	4.05	—
		空压机 6m³/min	台班	3.34	—	3.64	—	3.94	—
		载重汽车 4t	台班	0.65	—	0.81	—	0.97	—
		载重汽车 5t	台班	3.02	—	4.03	—	5.04	—
		汽车起重机 5t	台班	33.63	—	43.23	—	55.03	—
		自卸汽车 4.5t	台班	7.27	—	9.58	—	13.04	—
		其他机械费	元	10043	—	10388	—	10733	—
		措施费分摊	元	1780	—	2290	—	3044	—
		机械费小计	元	38753	5.08	48485	4.94	58697	4.50
	直接费小计		元	629085	—	809150	—	1075457	—
综合费用			元	133995	17.56	172349	17.56	229072	17.56
合计			元	763080	—	981499	—	1304529	—

工程内容：管沟开挖，回填土方，余土外运，钢支挡土板搭拆，沟内警示带敷设，施工护栏设置，管道防腐、补口，管道及附件、阴极保护、绝缘接头、测试桩安装，管道探伤、试压、吹扫等。

单位：km

指标编号				7F-047		7F-048		7F-049	
项目			单位	管径（mm）					
				600	占指标基价（%）	700	占指标基价（%）	800	占指标基价（%）
指标基价			元	1622095	100.00	1945805	100.00	2207762	100.00
一、建筑安装工程费			元	1622095	100.00	1945805	100.00	2207762	100.00
二、设备购置费			元	—	—	—	—	—	—
建筑安装工程费									
直接费	人工费	人工	工日	8426	—	9376	—	10424	—
		措施费分摊	元	6056	—	7264	—	8242	—
		人工费小计	元	267515	16.49	298201	15.33	331699	15.02
	材料费	无缝钢管（综合价）	m	1003.00	—	1003.00	—	1003.00	—
		无缝钢管管件（综合价）	kg	5007.00	—	5622.00	—	6310.00	—
		防腐内胶带	m^2	3988.99	—	4559.20	—	5191.31	—
		防腐外胶带	m^2	2941.24	—	3361.87	—	3828.63	—
		煤焦油沥青漆	kg	1058.77	—	1210.17	—	1378.16	—
		镁阳极 MUG-3	kg	440.00	—	506.00	—	572.00	—
		玻璃钢测试桩	个	2.00	—	2.00	—	2.00	—
		长效参比电极	支	2.00	—	2.00	—	2.00	—
		绝缘接头 JY25	个	0.50	—	0.50	—	0.50	—
		警示带（$20^{\#}$通用型）	m	2160.00	—	2160.00	—	2160.00	—
		型钢（综合）	kg	210.00	—	210.00	—	210.00	—
		板方材	m^3	2.65	—	2.77	—	2.90	—
		钢挡土板	t	4.07	—	4.25	—	4.44	—
		其他材料费	元	107496	—	116782	—	130117	—
		措施费分摊	元	65854	—	78996	—	89631	—
		材料费小计	元	1001514	61.74	1228977	63.16	1398769	63.36
	机械费	缠绕机	台班	53.51	—	61.16	—	69.65	—
		直流电焊机 20kW	台班	172.23	—	179.90	—	192.58	—
		超声波探伤机 CTS-26	台班	4.42	—	5.47	—	6.58	—
		空压机 $6m^3/min$	台班	4.24	—	4.54	—	4.74	—
		载重汽车 4t	台班	1.29	—	1.45	—	1.61	—
		载重汽车 5t	台班	5.06	—	7.06	—	8.30	—
		汽车起重机 5t	台班	68.61	—	78.31	—	69.55	—
		汽车起重机 8t	台班	—	—	—	—	21.83	—
		自卸汽车 4.5t	台班	17.61	—	22.39	—	27.89	—
		其他机械费	元	11209	—	11500	—	11801	—
		措施费分摊	元	3785	—	4540	—	5151	—
		机械费小计	元	68230	4.21	76948	3.95	89616	4.06
	直接费小计		元	1337259	—	1604126	—	1820084	—
综合费用			元	284836	17.56	341679	17.56	387678	17.56
合计			元	1622095	—	1945805	—	2207762	—

工程内容：管沟开挖，回填土方，余土外运，钢支挡土板搭拆，沟内警示带敷设，施工护栏设置，管道防腐、补口，管道及附件、阴极保护、绝缘接头、测试桩安装，管道探伤、试压、吹扫等。

单位：km

指标编号				7F-050		7F-051	
项目			单位	管径（mm）			
				900	占指标基价（%）	1000	占指标基价（%）
指标基价			元	2590947	100.00	2889292	100.00
一、建筑安装工程费			元	2590947	100.00	2889292	100.00
二、设备购置费			元	—	—	—	—
建筑安装工程费							
直接费	人工费	人工	工日	11475	—	12584	—
		措施费分摊	元	9672	—	10786	—
		人工费小计	元	365741	14.12	401268	13.89
	材料费	无缝钢管（综合价）	m	1003.00	—	1003.00	—
		无缝钢管管件（综合价）	kg	7390.00	—	9140.00	—
		防腐内胶带	m^2	5823.42	—	6457.57	—
		防腐外胶带	m^2	4295.39	—	4761.94	—
		煤焦油沥青漆	kg	1546.15	—	1714.14	—
		镁阳极 MUG-3	kg	638.00	—	726.00	—
		玻璃钢测试桩	个	2.00	—	2.00	—
		长效参比电极	支	2.00	—	2.00	—
		绝缘接头 JY25	个	0.50	—	0.50	—
		警示带(20#通用型）	m	2160.00	—	2160.00	—
		型钢（综合）	kg	210.00	—	210.00	—
		板方材	m^3	3.02	—	3.14	—
		钢挡土板	t	4.63	—	4.81	—
		其他材料费	元	141428	—	156146	—
		措施费分摊	元	105187	—	117299	—
		材料费小计	元	1670431	64.47	1863997	64.51
	机械费	缠绕机	台班	78.14	—	86.63	—
		直流电焊机 20kW	台班	206.41	—	240.48	—
		超声波探伤机 CTS-26	台班	7.57	—	8.84	—
		空压机 $6m^3/min$	台班	5.04	—	5.34	—
		载重汽车 4t	台班	1.77	—	1.94	—
		载重汽车 5t	台班	8.35	—	9.46	—
		汽车起重机 5t	台班	78.03	—	86.51	—
		汽车起重机 8t	台班	24.83	—	—	—
		汽车起重机 12t	台班	—	—	28.16	—
		自卸汽车 4.5t	台班	34.01	—	40.86	—
		其他机械费	元	12134	—	12500	—
		措施费分摊	元	6045	—	6741	—
		机械费小计	元	99811	3.85	116674	4.04
	直接费小计		元	2135983	—	2381939	—
综合费用			元	454964	17.56	507353	17.56
合计			元	2590947	—	2889292	—

（6）钢管埋设深度2m以内（带支挡土板）

工程内容：管沟开挖，回填土方，余土外运，钢支挡土板搭拆，沟内警示带敷设，施工护栏设置，管道防腐、补口，管道及附件、阴极保护、绝缘接头、测试桩安装，管道探伤、试压、吹扫等。

单位：km

指标编号				7F-052		7F-053		7F-054	
项目			单位	管径（mm）					
				100	占指标基价（%）	150	占指标基价（%）	200	占指标基价（%）
指标基价			元	383857	100.00	485507	100.00	608361	100.00
一、建筑安装工程费			元	383857	100.00	485507	100.00	608361	100.00
二、设备购置费			元	—	—	—	—	—	—
建筑安装工程费									
直接费	人工费	人工	工日	3915	—	4450	—	4963	—
		措施费分摊	元	1433	—	1812	—	2271	—
		人工费小计	元	122915	32.02	139896	28.81	156273	25.69
	材料费	无缝钢管（综合价）	m	1012.00	—	1010.00	—	1009.00	—
		无缝钢管管件（综合价）	kg	105.00	—	292.00	—	595.00	—
		防腐内胶带	m^2	684.75	—	1007.58	—	1385.54	—
		防腐外胶带	m^2	505.38	—	743.14	—	1022.66	—
		煤焦油沥青漆	kg	181.90	—	267.50	—	368.08	—
		镁阳极 MUG-3	kg	72.00	—	120.00	—	152.00	—
		玻璃钢测试桩	个	2.00	—	2.00	—	2.00	—
		长效参比电极	支	2.00	—	2.00	—	2.00	—
		绝缘接头 JY25	个	0.50	—	0.50	—	0.50	—
		警示带(20#通用型）	m	1080.00	—	1080.00	—	1080.00	—
		型钢（综合）	kg	210.00	—	210.00	—	210.00	—
		板方材	m^3	2.72	—	2.72	—	2.78	—
		钢挡土板	t	4.17	—	4.17	—	4.27	—
		其他材料费	元	53292	—	58317	—	63690	—
		措施费分摊	元	15584	—	19711	—	24698	—
		材料费小计	元	174577	45.48	237097	48.84	318224	52.31
	机械费	缠绕机	台班	9.20	—	13.53	—	18.61	—
		直流电焊机 20kW	台班	34.59	—	55.75	—	62.73	—
		超声波探伤机 CTS-26	台班	0.85	—	0.85	—	1.64	—
		空压机 $6m^3/min$	台班	2.84	—	3.14	—	3.14	—
		载重汽车 4t	台班	0.47	—	0.48	—	0.63	—
		汽车起重机 5t	台班	9.18	—	13.50	—	18.58	—
		自卸汽车 4.5t	台班	3.26	—	4.12	—	4.98	—
		其他机械费	元	9554	—	9732	—	9816	—
		措施费分摊	元	896	—	1133	—	1419	—
		机械费小计	元	18961	4.94	23260	4.79	27037	4.44
	直接费小计		元	316453	—	400253	—	501534	—
综合费用			元	67404	17.56	85254	17.56	106827	17.56
合计			元	383857	—	485507	—	608361	—

工程内容：管沟开挖，回填土方，余土外运，钢支挡土板搭拆，沟内警示带敷设，施工护栏设置，管道防腐、补口，管道及附件、阴极保护、绝缘接头、测试桩安装，管道探伤、试压、吹扫等。

单位：km

指标编号			单位	7F-055		7F-056		7F-057	
项目			单位	管径（mm）					
				300	占指标基价（%）	400	占指标基价（%）	500	占指标基价（%）
指标基价			元	813448	100.00	1023970	100.00	1349361	100.00
一、建筑安装工程费			元	813448	100.00	1023970	100.00	1349361	100.00
二、设备购置费			元	—	—	—	—	—	—
建筑安装工程费									
直接费	人工费	人工	工日	5989	—	6989	—	8166	—
		措施费分摊	元	3037	—	3823	—	5037	—
		人工费小计	元	188876	23.22	220692	21.55	258428	19.15
	材料费	无缝钢管（综合价）	m	1007.00	—	1005.00	—	1003.00	—
		无缝钢管管件(综合价）	kg	1144.00	—	1954.00	—	3443.00	—
		防腐内胶带	m^2	2056.50	—	2695.39	—	3350.10	—
		防腐外胶带	m^2	1517.60	—	1988.74	—	2470.10	—
		煤焦油沥青漆	kg	546.24	—	715.83	—	889.17	—
		镁阳极 MUG-3	kg	240.00	—	288.00	—	352.00	—
		玻璃钢测试桩	个	2.00	—	2.00	—	2.00	—
		长效参比电极	支	2.00	—	2.00	—	2.00	—
		绝缘接头 JY25	个	0.50	—	0.50	—	0.50	—
		警示带($20^{\#}$通用型）	m	1080.00	—	1080.00	—	2160.00	—
		型钢（综合）	kg	210.00	—	210.00	—	210.00	—
		板方材	m^3	2.91	—	3.01	—	3.13	—
		钢挡土板	t	4.46	—	4.61	—	4.80	—
		其他材料费	元	74461	—	86364	—	97798	—
		措施费分摊	元	33024	—	41571	—	54781	—
		材料费小计	元	442861	54.44	574887	56.15	795187	58.93
	机械费	缠绕机	台班	27.61	—	36.18	—	44.93	—
		直流电焊机 20kW	台班	96.75	—	140.22	—	167.58	—
		超声波探伤机 CTS-26	台班	2.44	—	3.16	—	4.05	—
		空压机 $6m^3$/min	台班	3.34	—	3.64	—	3.94	—
		载重汽车 4t	台班	0.65	—	0.81	—	0.97	—
		载重汽车 5t	台班	3.02	—	4.03	—	5.04	—
		汽车起重机 5t	台班	33.63	—	43.23	—	55.03	—
		自卸汽车 4.5t	台班	7.27	—	9.58	—	13.04	—
		其他机械费	元	10043	—	10388	—	10733	—
		措施费分摊	元	1898	—	2389	—	3148	—
		机械费小计	元	38871	4.78	48584	4.74	58801	4.36
	直接费小计		元	670608	—	844163	—	1112416	—
综合费用			元	142840	17.56	179807	17.56	236945	17.56
合计			元	813448	—	1023970	—	1349361	—

工程内容：管沟开挖，回填土方，余土外运，钢支挡土板搭拆，沟内警示带敷设，施工护栏设置，管道防腐、补口，管道及附件、阴极保护、绝缘接头、测试桩安装，管道探伤、试压、吹扫等。

单位：km

指标编号				7F-058		7F-059		7F-060	
项目			单位	管径（mm）					
				600	占指标基价（%）	700	占指标基价（%）	800	占指标基价（%）
指标基价			元	1671410	100.00	1997476	100.00	2261831	100.00
一、建筑安装工程费			元	1671410	100.00	1997476	100.00	2261831	100.00
二、设备购置费			元	—	—	—	—	—	—
建筑安装工程费									
直接费	人工费	人工	工日	9435	—	10444	—	11552	—
		措施费分摊	元	6240	—	7457	—	8444	—
		人工费小计	元	299008	17.89	331534	16.60	366903	16.22
	材料费	无缝钢管（综合价）	m	1003.00	—	1003.00	—	1003.00	—
		无缝钢管管件（综合价）	kg	5007.00	—	5622.00	—	6310.00	—
		防腐内胶带	m^2	3988.99	—	4559.20	—	5191.31	—
		防腐外胶带	m^2	2941.24	—	3361.87	—	3828.63	—
		煤焦油沥青漆	kg	1058.77	—	1210.17	—	1378.16	—
		镁阳极 MUG–3	kg	440.00	—	506.00	—	572.00	—
		玻璃钢测试桩	个	2.00	—	2.00	—	2.00	—
		长效参比电极	支	2.00	—	2.00	—	2.00	—
		绝缘接头 JY25	个	0.50	—	0.50	—	0.50	—
		警示带(20#通用型）	m	2160.00	—	2160.00	—	2160.00	—
		型钢（综合）	kg	210.00	—	210.00	—	210.00	—
		板方材	m^3	3.25	—	3.37	—	3.50	—
		钢挡土板	t	4.99	—	5.17	—	5.36	—
		其他材料费	元	111029	—	120318	—	133657	—
		措施费分摊	元	67856	—	81093	—	91826	—
		材料费小计	元	1010560	60.46	1238121	61.98	1408014	62.25
	机械费	缠绕机	台班	53.51	—	61.16	—	69.65	—
		直流电焊机 20kW	台班	172.23	—	179.90	—	192.58	—
		超声波探伤机 CTS–26	台班	4.42	—	5.47	—	6.58	—
		空压机 $6m^3/min$	台班	4.24	—	4.54	—	4.74	—
		载重汽车 4t	台班	1.29	—	1.45	—	1.61	—
		载重汽车 5t	台班	5.06	—	7.06	—	8.30	—
		汽车起重机 5t	台班	68.61	—	78.31	—	69.55	—
		汽车起重机 8t	台班	—	—	—	—	21.83	—
		自卸汽车 4.5t	台班	17.61	—	22.39	—	27.89	—
		其他机械费	元	11210	—	11500	—	11801	—
		措施费分摊	元	3900	—	4661	—	5277	—
		机械费小计	元	68346	4.09	77069	3.86	89742	3.97
	直接费小计		元	1377914	—	1646724	—	1864659	—
综合费用			元	293496	17.56	350752	17.56	397172	17.56
合计			元	1671410	—	1997476	—	2261831	—

工程内容：管沟开挖，回填土方，余土外运，钢支挡土板搭拆，沟内警示带敷设，施工护栏设置，管道防腐、补口，管道及附件、阴极保护、绝缘接头、测试桩安装，管道探伤、试压、吹扫等。

单位：km

指标编号				7F-061		7F-062	
项目			单位	管径（mm）			
				900	占指标基价（%）	1000	占指标基价（%）
指标基价			元	2647422	100.00	2949246	100.00
一、建筑安装工程费			元	2647422	100.00	2949246	100.00
二、设备购置费			元	—	—	—	—
建筑安装工程费							
直接费	人工费	人工	工日	12663	—	13859	—
		措施费分摊	元	9883	—	11010	—
		人工费小计	元	402816	15.22	441055	14.95
	材料费	无缝钢管（综合价）	m	1003.00	—	1003.00	—
		无缝钢管管件（综合价）	kg	7390.00	—	9140.00	—
		防腐内胶带	m^2	5823.42	—	6457.57	—
		防腐外胶带	m^2	4295.39	—	4761.94	—
		煤焦油沥青漆	kg	1546.15	—	1714.14	—
		镁阳极 MUG-3	kg	638.00	—	726.00	—
		玻璃钢测试桩	个	2.00	—	2.00	—
		长效参比电极	支	2.00	—	2.00	—
		绝缘接头 JY25	个	0.50	—	0.50	—
		警示带(20#通用型）	m	2160.00	—	2160.00	—
		型钢（综合）	kg	210.00	—	210.00	—
		板方材	m^3	3.62	—	3.74	—
		钢挡土板	t	5.55	—	5.73	—
		其他材料费	元	144975	—	159700	—
		措施费分摊	元	107480	—	119733	—
		材料费小计	元	1679782	63.44	1873496	63.53
	机械费	缠绕机	台班	78.14	—	86.63	—
		直流电焊机 20kW	台班	206.41	—	240.48	—
		超声波探伤机 CTS-26	台班	7.57	—	8.84	—
		空压机 $6m^3/min$	台班	5.04	—	5.34	—
		载重汽车 4t	台班	1.77	—	1.94	—
		载重汽车 5t	台班	8.35	—	9.46	—
		汽车起重机 5t	台班	78.03	—	86.51	—
		汽车起重机 8t	台班	24.83	—	—	—
		汽车起重机 12t	台班	—	—	28.16	—
		自卸汽车 4.5t	台班	34.01	—	40.86	—
		其他机械费	元	12134	—	12500	—
		措施费分摊	元	6177	—	6881	—
		机械费小计	元	99943	3.78	116814	3.96
	直接费小计		元	2182541	—	2431365	—
综合费用			元	464881	17.56	517881	17.56
合计			元	2647422	—	2949246	—

2.1.1.2 中低压管道（球墨铸铁管）工程

（1）球墨铸铁管埋设深度 1m 以内

工程内容：管沟开挖，回填土方，余土外运，管道基础处理，沟内警示带敷设，施工护栏设置，管道及附件安装，管道试压、吹扫等。

单位：km

指标编号				7F-063		7F-064		7F-065	
项目			单位	管径（mm）					
				100	占指标基价（%）	150	占指标基价（%）	200	占指标基价（%）
指标基价			元	278903	100.00	357614	100.00	440343	100.00
一、建筑安装工程费			元	278903	100.00	357614	100.00	440343	100.00
二、设备购置费			元	—	—	—	—	—	—
建筑安装工程费									
直接费	人工费	人工	工日	1731	—	1915	—	2062	—
		措施费分摊	元	1041	—	1335	—	1644	—
		人工费小计	元	54754	19.63	60757	16.99	65628	14.90
	材料费	燃气球墨铸铁管 N1 型	m	1000.00	—	1000.00	—	1000.00	—
		燃气球墨铸铁管管件 N1 型	kg	412.00	—	700.00	—	1046.00	—
		燃气球墨铸铁管压兰 N1 型	kg	2070.00	—	2415.00	—	3450.00	—
		胶圈、支承圈（N1 型）	套	355.00	—	355.00	—	355.00	—
		螺栓 M20×100	套	1420.00	—	2130.00	—	2130.00	—
		警示带(20#通用型）	m	1080.00	—	1080.00	—	1080.00	—
		型钢（综合）	kg	210.00	—	210.00	—	210.00	—
		商品混凝土 C15	m^3	12.89	—	14.46	—	16.03	—
		其他材料费	元	34591	—	37873	—	40134	—
		措施费分摊	元	11323	—	14518	—	17877	—
		材料费小计	元	162362	58.22	220451	61.64	283079	64.29
	机械费	空压机 $6m^3/min$	台班	2.80	—	3.10	—	3.10	—
		试压水泵 4.0MPa	台班	1.00	—	2.00	—	2.00	—
		载重汽车 4t	台班	0.47	—	0.48	—	0.63	—
		自卸汽车 4.5t	台班	4.80	—	5.55	—	6.48	—
		其他机械费	元	10023	—	10296	—	10441	—
		措施费分摊	元	651	—	834	—	1027	—
		机械费小计	元	12812	4.59	13610	3.81	14313	3.25
	直接费小计		元	229928	—	294818	—	363020	—
综合费用			元	48975	17.56	62796	17.56	77323	17.56
合计			元	278903	—	357614	—	440343	—

工程内容：管沟开挖，回填土方，余土外运，管道基础处理，沟内警示带敷设，施工护栏设置，管道及附件安装，管道试压、吹扫等。

单位：km

指标编号			单位	7F-066		7F-067		7F-068	
项目				管径（mm）					
				250	占指标基价（%）	300	占指标基价(%)	400	占指标基价(%)
指标基价			元	533554	100.00	646072	100.00	919977	100.00
一、建筑安装工程费			元	533554	100.00	646072	100.00	919977	100.00
二、设备购置费			元	—	—	—	—	—	—
建筑安装工程费									
直接费	人工费	人工	工日	2252	—	2523	—	3822	—
		措施费分摊	元	1992	—	2412	—	3434	—
		人工费小计	元	71872	13.47	80701	12.49	122031	13.27
	材料费	燃气球墨铸铁管 N1 型	m	1000.00	—	1000.00	—	1000.00	—
		燃气球墨铸铁管管件 N1 型	kg	1347.00	—	1809.00	—	3048.00	—
		燃气球墨铸铁管压兰 N1 型	kg	3811.00	—	4845.00	—	6460.00	—
		胶圈、支承圈（N1 型）	套	333.00	—	333.00	—	333.00	—
		螺栓 M20×100	套	2658.00	—	2658.00	—	3323.00	—
		警示带(20#通用型）	m	1080.00	—	1080.00	—	1080.00	—
		型钢（综合）	kg	210.00	—	210.00	—	210.00	—
		商品混凝土 C15	m^3	16.96	—	19.22	—	22.39	—
		其他材料费	元	44528	—	47268	—	53381	—
		措施费分摊	元	21661	—	26229	—	37349	—
		材料费小计	元	352564	66.08	431135	66.73	612101	66.53
	机械费	空压机 $6m^3/min$	台班	3.30	—	3.30	—	3.60	—
		试压水泵 4.0MPa	台班	3.00	—	3.00	—	3.00	—
		载重汽车 4t	台班	0.64	—	0.65	—	0.81	—
		载重汽车 5t	台班	—	—	4.62	—	4.62	—
		汽车起重机 5t	台班	—	—	6.78	—	9.56	—
		自卸汽车 4.5t	台班	7.10	—	8.87	—	11.94	—
		其他机械费	元	11051	—	11178	—	11792	—
		措施费分摊	元	1245	—	1507	—	2147	—
		机械费小计	元	15427	2.89	20787	3.22	24299	2.64
	直接费小计		元	439863	—	532623	—	758431	—
综合费用			元	93691	17.56	113449	17.56	161546	17.56
合计			元	533554	—	646072	—	919977	—

工程内容：管沟开挖，回填土方，余土外运，管道基础处理，沟内警示带敷设，施工护栏设置，管道及附件安装，管道试压、吹扫等。

单位：km

指标编号			单位	7F-069		7F-070	
项目			单位	管径（mm）			
				500	占指标基价（%）	600	占指标基价（%）
指标基价			元	1205681	100.00	1521243	100.00
一、建筑安装工程费			元	1205681	100.00	1521243	100.00
二、设备购置费			元	—	—	—	—
建筑安装工程费							
直接费	人工费	人工	工日	4640	—	5259	—
		措施费分摊	元	4501	—	5679	—
		人工费小计	元	148480	12.32	168866	11.10
	材料费	燃气球墨铸铁管 N1 型	m	1000.00	—	1000.00	—
		燃气球墨铸铁管管件 N1 型	kg	4425.00	—	6488.00	—
		燃气球墨铸铁管压兰 N1 型	kg	8086.00	—	10263.00	—
		胶圈、支承圈（N1 型）	套	320.00	—	320.00	—
		螺栓 M20×100	套	4479.00	—	5120.00	—
		警示带(20#通用型）	m	2160.00	—	2160.00	—
		型钢（综合）	kg	210.00	—	210.00	—
		商品混凝土 C15	m^3	25.54	—	28.71	—
		其他材料费	元	62329	—	67805	—
		措施费分摊	元	48948	—	61759	—
		材料费小计	元	816278	67.70	1050115	69.03
	机械费	空压机 $6m^3/min$	台班	3.90	—	4.20	—
		试压水泵 4.0MPa	台班	3.00	—	3.00	—
		载重汽车 4t	台班	0.97	—	1.13	—
		载重汽车 5t	台班	5.72	—	5.72	—
		汽车起重机 5t	台班	12.16	—	—	—
		汽车起重机 8t	台班	—	—	15.60	—
		自卸汽车 4.5t	台班	15.67	—	20.13	—
		其他机械费	元	13234	—	13750	—
		措施费分摊	元	2813	—	3549	—
		机械费小计	元	29208	2.42	35135	2.31
	直接费小计		元	993966	—	1254116	—
综合费用			元	211715	17.56	267127	17.56
合计			元	1205681	—	1521243	—

（2）球墨铸铁管埋设深度 1.5m 以内

工程内容：管沟开挖，回填土方，余土外运，管道基础处理，沟内警示带敷设，施工护栏设置，管道及附件安装，管道试压、吹扫等。

单位：km

指标编号			单位	7F-071		7F-072		7F-073	
项目				管径（mm）					
				100	占指标基价（%）	150	占指标基价（%）	200	占指标基价（%）
指标基价			元	334721	100.00	415264	100.00	502763	100.00
一、建筑安装工程费			元	334721	100.00	415264	100.00	502763	100.00
二、设备购置费			元	—	—	—	—	—	—
建筑安装工程费									
直接费	人工费	人工	工日	3126	—	3388	—	3622	—
		措施费分摊	元	1250	—	1550	—	1877	—
		人工费小计	元	98250	29.35	106680	25.69	114268	22.73
	材料费	燃气球墨铸铁管 N1 型	m	1000.00	—	1000.00	—	1000.00	—
		燃气球墨铸铁管管件 N1 型	kg	412.00	—	700.00	—	1046.00	—
		燃气球墨铸铁管压兰 N1 型	kg	2070.00	—	2415.00	—	3450.00	—
		胶圈、支承圈（N1 型）	套	355.00	—	355.00	—	355.00	—
		螺栓 M20×100	套	1420.00	—	2130.00	—	2130.00	—
		警示带($20^{\#}$通用型）	m	1080.00	—	1080.00	—	1080.00	—
		型钢（综合）	kg	210.00	—	210.00	—	210.00	—
		商品混凝土 C15	m^3	12.89	—	14.46	—	16.03	—
		其他材料费	元	34716	—	37001	—	40273	—
		措施费分摊	元	13589	—	16859	—	20411	—
		材料费小计	元	164753	49.22	221920	53.44	285752	56.83
	机械费	空压机 $6m^3/min$	台班	2.80	—	3.10	—	3.10	—
		试压水泵 4.0MPa	台班	1.00	—	2.00	—	2.00	—
		载重汽车 4t	台班	0.47	—	0.48	—	0.63	—
		自卸汽车 4.5t	台班	4.80	—	5.55	—	6.48	—
		其他机械费	元	10023	—	10296	—	10441	—
		措施费分摊	元	781	—	969	—	1173	—
		机械费小计	元	12942	3.87	13745	3.31	14459	2.88
	直接费小计		元	275945	—	342345	—	414479	—
综合费用			元	58776	17.56	72919	17.56	88284	17.56
合　计			元	334721	—	415264	—	502763	—

工程内容：管沟开挖，回填土方，余土外运，管道基础处理，沟内警示带敷设，施工护栏设置，管道及附件安装，管道试压、吹扫等。

单位：km

指标编号				7F-074		7F-075		7F-076	
项目			单位	管径（mm）					
				250	占指标基价(%)	300	占指标基价(%)	400	占指标基价(%)
指标基价			元	597973	100.00	715454	100.00	983827	100.00
一、建筑安装工程费			元	597973	100.00	715454	100.00	983827	100.00
二、设备购置费			元	—	—	—	—	—	—
建筑安装工程费									
直接费	人工费	人工	工日	3862	—	4257	—	5419	—
		措施费分摊	元	2232	—	2671	—	3673	—
		人工费小计	元	122070	20.41	134766	18.84	171825	17.46
	材料费	燃气球墨铸铁管 N1 型	m	1000.00	—	1000.00	—	1000.00	—
		燃气球墨铸铁管管件 N1 型	kg	1347.00	—	1809.00	—	3048.00	—
		燃气球墨铸铁管压兰 N1 型	kg	3811.00	—	4845.00	—	6460.00	—
		胶圈、支承圈（N1 型）	套	333.00	—	333.00	—	333.00	—
		螺栓 M20×100	套	2658.00	—	2658.00	—	3323.00	—
		警示带(20#通用型）	m	1080.00	—	1080.00	—	1080.00	—
		型钢（综合）	kg	210.00	—	210.00	—	210.00	—
		商品混凝土 C15	m^3	16.96	—	19.22	—	22.39	—
		其他材料费	元	44672	—	47423	—	53485	—
		措施费分摊	元	24276	—	29046	—	39941	—
		材料费小计	元	355323	59.42	434107	60.67	614797	62.49
	机械费	空压机 $6m^3/min$	台班	3.30	—	3.30	—	3.60	—
		试压水泵 4.0MPa	台班	3.00	—	3.00	—	3.00	—
		载重汽车 4t	台班	0.64	—	0.65	—	0.81	—
		载重汽车 5t	台班	—	—	4.62	—	4.62	—
		汽车起重机 5t	台班	—	—	6.78	—	9.56	—
		自卸汽车 4.5t	台班	7.10	—	8.87	—	11.94	—
		其他机械费	元	11051	—	11178	—	11792	—
		措施费分摊	元	1395	—	1669	—	2295	—
		机械费小计	元	15577	2.61	20949	2.93	24447	2.49
	直接费小计		元	492970	—	589822	—	811069	—
综合费用			元	105003	17.56	125632	17.56	172758	17.56
合计			元	597973	—	715454	—	983827	—

工程内容：管沟开挖，回填土方，余土外运，管道基础处理，沟内警示带敷设，施工护栏设置，管道及附件安装，管道试压、吹扫等。

单位：km

指标编号				7F-077		7F-078	
项目			单位	管径（mm）			
				500	占指标基价（%）	600	占指标基价（%）
指标基价			元	1274969	100.00	1596165	100.00
一、建筑安装工程费			元	1274969	100.00	1596165	100.00
二、设备购置费			元	—	—	—	—
建筑安装工程费							
直接费	人工费	人工	工日	6373	—	7133	—
		措施费分摊	元	4760	—	5959	—
		人工费小计	元	202514	15.88	227296	14.24
	材料费	燃气球墨铸铁管 N1 型	m	1000.00	—	1000.00	—
		燃气球墨铸铁管管件 N1 型	kg	4425.00	—	6488.00	—
		燃气球墨铸铁管压兰 N1 型	kg	8086.00	—	10263.00	—
		胶圈、支承圈（N1 型）	套	320.00	—	320.00	—
		螺栓 M20×100	套	4479.00	—	5120.00	—
		警示带(20#通用型）	m	2160.00	—	2160.00	—
		型钢（综合）	kg	210.00	—	210.00	—
		商品混凝土 C15	m^3	25.54	—	28.71	—
		其他材料费	元	62441	—	67924	—
		措施费分摊	元	51761	—	64801	—
		材料费小计	元	819203	64.25	1053276	65.99
	机械费	空压机 $6m^3/min$	台班	3.90	—	4.20	—
		试压水泵 4.0MPa	台班	3.00	—	3.00	—
		载重汽车 4t	台班	0.97	—	1.13	—
		载重汽车 5t	台班	5.72	—	5.72	—
		汽车起重机 5t	台班	12.16	—	—	—
		汽车起重机 8t	台班	—	—	15.60	—
		自卸汽车 4.5t	台班	15.67	—	20.13	—
		其他机械费	元	13234	—	13750	—
		措施费分摊	元	2975	—	3724	—
		机械费小计	元	29370	2.31	35310	2.21
	直接费小计		元	1051087	—	1315882	—
综合费用			元	223882	17.56	280283	17.56
合计			元	1274969	—	1596165	—

（3）球墨铸铁管埋设深度 2m 以内

工程内容：管沟开挖，回填土方，余土外运，管道基础处理，沟内警示带敷设，施工护栏设置，管道及附件安装，管道试压、吹扫等。

单位：km

指标编号			单位	7F-079		7F-080		7F-081	
项目				管径（mm）					
				100	占指标基价（%）	150	占指标基价（%）	200	占指标基价（%）
指标基价			元	377854	100.00	461488	100.00	549175	100.00
一、建筑安装工程费			元	377854	100.00	461488	100.00	549175	100.00
二、设备购置费			元	—	—	—	—	—	—
建筑安装工程费									
直接费	人工费	人工	工日	4204	—	4511	—	4782	—
		措施费分摊	元	1411	—	1723	—	2050	—
		人工费小计	元	131861	34.90	141699	30.71	150435	27.39
	材料费	燃气球墨铸铁管 N1 型	m	1000.00	—	1000.00	—	1000.00	—
		燃气球墨铸铁管管件 N1 型	kg	412.00	—	700.00	—	1046.00	—
		燃气球墨铸铁管压兰 N1 型	kg	2070.00	—	2415.00	—	3450.00	—
		胶圈、支承圈（N1 型）	套	355.00	—	355.00	—	355.00	—
		螺栓 M20×100	套	1420.00	—	2130.00	—	2130.00	—
		警示带(20#通用型）	m	1080.00	—	1080.00	—	1080.00	—
		型钢（综合）	kg	210.00	—	210.00	—	210.00	—
		商品混凝土 C15	m^3	12.89	—	14.46	—	16.03	—
		其他材料费	元	34812	—	38105	—	40376	—
		措施费分摊	元	15340	—	18735	—	22295	—
		材料费小计	元	166600	44.09	224900	48.73	287739	52.40
	机械费	空压机 $6m^3/min$	台班	2.80	—	3.10	—	3.10	—
		试压水泵 4.0MPa	台班	1.00	—	2.00	—	2.00	—
		载重汽车 4t	台班	0.47	—	0.48	—	0.63	—
		自卸汽车 4.5t	台班	4.80	—	5.55	—	6.48	—
		其他机械费	元	10023	—	10296	—	10441	—
		措施费分摊	元	882	—	1077	—	1281	—
		机械费小计	元	13043	3.45	13853	3.00	14567	2.65
	直接费小计		元	311504	—	380452	—	452741	—
综合费用			元	66350	17.56	81036	17.56	96434	17.56
合计			元	377854	—	461488	—	549175	—

工程内容：管沟开挖，回填土方，余土外运，管道基础处理，沟内警示带敷设，施工护栏设置，管道及附件安装，管道试压、吹扫等。

单位：km

指标编号				7F-082		7F-083		7F-084	
项目			单位	管径（mm）					
				250	占指标基价(%)	300	占指标基价(%)	400	占指标基价(%)
指标基价			元	645386	100.00	765230	100.00	1019765	100.00
一、建筑安装工程费			元	645386	100.00	765230	100.00	1019765	100.00
二、设备购置费			元	—	—	—	—	—	—
建筑安装工程费									
直接费	人工费	人工	工日	5047	—	5501	—	6316	—
		措施费分摊	元	2409	—	2857	—	3807	—
		人工费小计	元	159017	24.64	173553	22.68	199792	19.59
	材料费	燃气球墨铸铁管 N1 型	m	1000.00	—	1000.00	—	1000.00	—
		燃气球墨铸铁管管件 N1 型	kg	1347.00	—	1809.00	—	3048.00	—
		燃气球墨铸铁管压兰 N1 型	kg	3811.00	—	4845.00	—	6460.00	—
		胶圈、支承圈（N1 型）	套	333.00	—	333.00	—	333.00	—
		螺栓 M20×100	套	2658.00	—	2658.00	—	3323.00	—
		警示带(20#通用型）	m	1080.00	—	1080.00	—	1080.00	—
		型钢（综合）	kg	210.00	—	210.00	—	210.00	—
		商品混凝土 C15	m^3	16.96	—	19.22	—	22.39	—
		其他材料费	元	44777	—	47534	—	53603	—
		措施费分摊	元	26201	—	31067	—	41400	—
		材料费小计	元	357353	55.37	436239	57.01	616374	60.44
	机械费	空压机 $6m^3/min$	台班	3.30	—	3.30	—	3.60	—
		试压水泵 4.0MPa	台班	3.00	—	3.00	—	3.00	—
		载重汽车 4t	台班	0.64	—	0.65	—	0.81	—
		载重汽车 5t	台班	—	—	4.62	—	4.62	—
		汽车起重机 5t	台班	—	—	6.78	—	9.56	—
		自卸汽车 4.5t	台班	7.10	—	8.87	—	11.94	—
		其他机械费	元	11051	—	11178	—	11792	—
		措施费分摊	元	1506	—	1785	—	2379	—
		机械费小计	元	15688	2.43	21065	2.75	24531	2.41
	直接费小计		元	532058	—	630857	—	840697	—
综合费用			元	113328	17.56	134373	17.56	179068	17.56
合计			元	645386	—	765230	—	1019765	—

工程内容：管沟开挖，回填土方，余土外运，管道基础处理，沟内警示带敷设，施工护栏设置，管道及附件安装，管道试压、吹扫等。

单位：km

指标编号				7F-085		7F-086	
项目			单位	管径（mm）			
				500	占指标基价（%）	600	占指标基价（%）
指标基价			元	1312034	100.00	1634279	100.00
一、建筑安装工程费			元	1312034	100.00	1634279	100.00
二、设备购置费			元	—	—	—	—
建筑安装工程费							
直接费	人工费	人工	工日	7298	—	8084	—
		措施费分摊	元	4898	—	6101	—
		人工费小计	元	231355	17.63	256948	15.72
	材料费	燃气球墨铸铁管 N1 型	m	1000.00	—	1000.00	—
		燃气球墨铸铁管管件 N1 型	kg	4425.00	—	6488.00	—
		燃气球墨铸铁管压兰 N1 型	kg	8086.00	—	10263.00	—
		胶圈、支承圈（N1 型）	套	320.00	—	320.00	—
		螺栓 M20×100	套	4479.00	—	5120.00	—
		警示带(20#通用型）	m	2160.00	—	2160.00	—
		型钢（综合）	kg	210.00	—	210.00	—
		商品混凝土 C15	m^3	25.54	—	28.71	—
		其他材料费	元	62566	—	68057	—
		措施费分摊	元	53266	—	66348	—
		材料费小计	元	820833	62.56	1054956	64.55
	机械费	空压机 $6m^3/min$	台班	3.90	—	4.20	—
		试压水泵 4.0MPa	台班	3.00	—	3.00	—
		载重汽车 4t	台班	0.97	—	1.13	—
		载重汽车 5t	台班	5.72	—	5.72	—
		汽车起重机 5t	台班	12.16	—	—	—
		汽车起重机 8t	台班	—	—	15.60	—
		自卸汽车 4.5t	台班	15.67	—	20.13	—
		其他机械费	元	13234	—	13750	—
		措施费分摊	元	3061	—	3813	—
		机械费小计	元	29456	2.25	35399	2.17
	直接费小计		元	1081644	—	1347303	—
综合费用			元	230390	17.56	286976	17.56
合计			元	1312034	—	1634279	—

（4）球墨铸铁管埋设深度 1m 以内(带支挡土板)

工程内容：管沟开挖，回填土方，余土外运，钢支挡土板搭拆，管道基础处理，沟内警示带敷设，施工护栏设置，管道及附件安装，管道试压、吹扫等。

单位：km

指标编号				7F-087		7F-088		7F-089	
项目			单位	管径（mm）					
				400	占指标基价（%）	500	占指标基价（%）	600	占指标基价（%）
指标基价			元	949414	100.00	1220203	100.00	1550089	100.00
一、建筑安装工程费			元	949414	100.00	1220203	100.00	1550089	100.00
二、设备购置费			元	—	—	—	—	—	—
建筑安装工程费									
直接费	人工费	人工	工日	3875	—	4642	—	5205	—
		措施费分摊	元	3544	—	4555	—	5787	—
		人工费小计	元	123785	13.04	148596	12.18	167298	10.79
	材料费	燃气球墨铸铁管 N1 型	m	1000.00	—	1000.00	—	1000.00	—
		燃气球墨铸铁管管件 N1 型	kg	3048.00	—	4425.00	—	6488.00	—
		燃气球墨铸铁管压兰 N1 型	kg	6460.00	—	8086.00	—	10263.00	—
		胶圈、支承圈（N1 型）	套	333.00	—	320.00	—	320.00	—
		螺栓 M20×100	套	3323.00	—	4479.00	—	5120.00	—
		警示带(20#通用型)	m	1080.00	—	2160.00	—	2160.00	—
		型钢（综合）	kg	210.00	—	210.00	—	210.00	—
		商品混凝土 C15	m^3	22.39	—	25.54	—	28.71	—
		板方材	m^3	1.83	—	1.95	—	2.08	—
		钢挡土板	t	2.81	—	3.00	—	3.19	—
		其他材料费	元	63913	—	73561	—	79742	—
		措施费分摊	元	38544	—	49538	—	62930	—
		材料费小计	元	634547	66.83	828100	67.86	1075396	69.38
	机械费	空压机 $6m^3/min$	台班	3.60	—	3.90	—	4.20	—
		试压水泵 4.0MPa	台班	3.00	—	3.00	—	3.00	—
		载重汽车 4t	台班	0.81	—	0.97	—	1.13	—
		载重汽车 5t	台班	4.62	—	5.72	—	5.72	—
		汽车起重机 5t	台班	9.56	—	12.16	—	—	—
		汽车起重机 8t	台班	—	—	—	—	15.60	—
		自卸汽车 4.5t	台班	11.94	—	15.67	—	20.13	—
		其他机械费	元	11792	—	13234	—	13750	—
		措施费分摊	元	2215	—	2847	—	3617	—
		机械费小计	元	24367	2.57	29242	2.40	35203	2.27
	直接费小计		元	782699	—	1005938	—	1277897	—
综合费用			元	166715	17.56	214265	17.56	272192	17.56
合计			元	949414	—	1220203	—	1550089	—

（5）球墨铸铁管埋设深度 1.5m 以内(带支挡土板)

工程内容：管沟开挖，回填土方，余土外运，钢支挡土板搭拆，管道基础处理，沟内警示带敷设，施工护栏设置，管道及附件安装，管道试压、吹扫等。

单位：km

指标编号				7F-090		7F-091		7F-092	
项目			单位	管径（mm）					
				100	占指标基价(%)	150	占指标基价(%)	200	占指标基价(%)
指标基价			元	363542	100.00	445230	100.00	530934	100.00
一、建筑安装工程费			元	363542	100.00	445230	100.00	530934	100.00
二、设备购置费			元	—	—	—	—	—	—
建筑安装工程费									
直接费	人工费	人工	工日	3078	—	3313	—	3512	—
		措施费分摊	元	1357	—	1662	—	1982	—
		人工费小计	元	96867	26.65	104464	23.46	110959	20.90
	材料费	燃气球墨铸铁管 N1 型	m	1000.00	—	1000.00	—	1000.00	—
		燃气球墨铸铁管管件 N1 型	kg	412.00	—	700.00	—	1046.00	—
		燃气球墨铸铁管压兰 N1 型	kg	2070.00	—	2415.00	—	3450.00	—
		胶圈、支承圈（N1 型）	套	355.00	—	355.00	—	355.00	—
		螺栓 M20×100	套	1420.00	—	2130.00	—	2130.00	—
		警示带(20#通用型）	m	1080.00	—	1080.00	—	1080.00	—
		型钢（综合）	kg	210.00	—	210.00	—	210.00	—
		商品混凝土 C15	m^3	12.89	—	14.46	—	16.03	—
		板方材	m^3	2.06	—	2.12	—	2.18	—
		钢挡土板	t	3.16	—	3.26	—	3.35	—
		其他材料费	元	46565	—	50203	—	52820	—
		措施费分摊	元	14759	—	18075	—	21555	—
		材料费小计	元	189829	52.21	248770	55.88	312219	58.80
	机械费	空压机 $6m^3/min$	台班	2.80	—	3.10	—	3.10	—
		试压水泵 4.0MPa	台班	1.00	—	2.00	—	2.00	—
		载重汽车 4t	台班	0.47	—	0.48	—	0.63	—
		自卸汽车 4.5t	台班	4.80	—	5.55	—	5.48	—
		其他机械费	元	10023	—	10296	—	10787	—
		措施费分摊	元	848	—	1039	—	1239	—
		机械费小计	元	13009	3.58	13815	3.10	14525	2.74
	直接费小计		元	299705	—	367049	—	437703	—
综合费用			元	63837	17.56	78181	17.56	93231	17.56
合计			元	363542	—	445230	—	530934	—

工程内容：管沟开挖，回填土方，余土外运，钢支挡土板搭拆，管道基础处理，沟内警示带敷设，施工护栏设置，管道及附件安装，管道试压、吹扫等。

单位：km

指标编号				7F-093		7F-094		7F-095	
项目			单位	管径（mm）					
				250	占指标基价（%）	300	占指标基价（%）	400	占指标基价（%）
指标基价			元	625910	100.00	742720	100.00	1005661	100.00
一、建筑安装工程费			元	625910	100.00	742720	100.00	1005661	100.00
二、设备购置费			元	—	—	—	—	—	—
建筑安装工程费									
直接费	人工费	人工	工日	3733	—	4078	—	5058	—
		措施费分摊	元	2337	—	2773	—	3754	—
		人工费小计	元	118172	18.88	129313	17.41	160704	15.98
	材料费	燃气球墨铸铁管 N1型	m	1000.00	—	1000.00	—	1000.00	—
		燃气球墨铸铁管管件 N1型	kg	1347.00	—	1809.00	—	3048.00	—
		燃气球墨铸铁管压兰 N1型	kg	3811.00	—	4845.00	—	6460.00	—
		胶圈、支承圈（N1型）	套	333.00	—	333.00	—	333.00	—
		螺栓 M20×100	套	2658.00	—	2658.00	—	3323.00	—
		警示带(20#通用型）	m	1080.00	—	1080.00	—	1080.00	—
		型钢（综合）	kg	210.00	—	210.00	—	210.00	—
		商品混凝土 C15	m^3	16.96	—	19.22	—	22.39	—
		板方材	m^3	2.22	—	2.31	—	2.43	—
		钢挡土板	t	3.40	—	3.54	—	3.73	—
		其他材料费	元	57424	—	60673	—	67439	—
		措施费分摊	元	25411	—	30153	—	40828	—
		材料费小计	元	382188	61.06	461974	62.20	643867	64.02
	机械费	空压机 $6m^3/min$	台班	3.30	—	3.30	—	3.60	—
		试压水泵 4.0MPa	台班	3.00	—	3.00	—	3.00	—
		载重汽车 4t	台班	0.64	—	0.65	—	0.81	—
		载重汽车 5t	台班	—	—	4.62	—	4.62	—
		汽车起重机 5t	台班	—	—	6.78	—	9.56	—
		自卸汽车 4.5t	台班	7.10	—	8.87	—	11.94	—
		其他机械费	元	11051	—	11178	—	11792	—
		措施费分摊	元	1460	—	1733	—	2346	—
		机械费小计	元	15642	2.50	21013	2.83	24498	2.44
	直接费小计		元	516002	—	612300	—	829069	—
综合费用			元	109908	17.56	130420	17.56	176592	17.56
合计			元	625910	—	742720	—	1005661	—

工程内容：管沟开挖，回填土方，余土外运，钢支挡土板搭拆，管道基础处理，沟内警示带敷设，施工护栏设置，管道及附件安装，管道试压、吹扫等。

单位：km

指标编号				7F-096		7F-097	
项目			单位	管径（mm）			
				500	占指标基价（%）	600	占指标基价（%）
指标基价			元	1275571	100.00	1593523	100.00
一、建筑安装工程费			元	1275571	100.00	1593523	100.00
二、设备购置费			元	—	—	—	—
建筑安装工程费							
直接费	人工费	人工	工日	5916	—	6572	—
		措施费分摊	元	4762	—	5949	—
		人工费小计	元	188335	14.77	209878	13.17
	材料费	燃气球墨铸铁管 N1 型	m	1000.00	—	1000.00	—
		燃气球墨铸铁管管件 N1 型	kg	4425.00	—	6488.00	—
		燃气球墨铸铁管压兰 N1 型	kg	8086.00	—	10263.00	—
		胶圈、支承圈（N1 型）	套	320.00	—	320.00	—
		螺栓 M20×100	套	4479.00	—	5120.00	—
		警示带(20#通用型）	m	2160.00	—	2160.00	—
		型钢（综合）	kg	210.00	—	210.00	—
		商品混凝土 C15	m^3	25.54	—	28.71	—
		板方材	m^3	2.55	—	2.68	—
		钢挡土板	t	3.92	—	4.11	—
		其他材料费	元	77091	—	83277	—
		措施费分摊	元	51786	—	64694	—
		材料费小计	元	833878	65.37	1068522	67.05
	机械费	空压机 $6m^3/min$	台班	3.90	—	4.20	—
		试压水泵 4.0MPa	台班	3.00	—	3.00	—
		载重汽车 4t	台班	0.97	—	1.13	—
		载重汽车 5t	台班	5.72	—	5.72	—
		汽车起重机 5t	台班	12.16	—	—	—
		汽车起重机 8t	台班	—	—	15.60	—
		自卸汽车 4.5t	台班	15.67	—	20.13	—
		其他机械费	元	13234	—	13750	—
		措施费分摊	元	2976	—	3718	—
		机械费小计	元	29371	2.30	35304	2.22
	直接费小计		元	1051584	—	1313704	—
综合费用			元	223987	17.56	279819	17.56
合计			元	1275571	—	1593523	—

（6）球墨铸铁管埋设深度2m以内(带支挡土板)

工程内容：管沟开挖，回填土方，余土外运，钢支挡土板搭拆，管道基础处理，沟内警示带敷设，施工护栏设置，管道及附件安装，管道试压、吹扫等。

单位：km

指标编号				7F-098		7F-099		7F-100	
项目			单位	管径（mm）					
				100	占指标基价(%)	150	占指标基价(%)	200	占指标基价(%)
指标基价			元	411952	100.00	495438	100.00	582899	100.00
一、建筑安装工程费			元	411952	100.00	495438	100.00	582899	100.00
二、设备购置费			元	—	—	—	—	—	—
建筑安装工程费									
直接费	人工费	人工	工日	4065	—	4345	—	4588	—
		措施费分摊	元	1538	—	1850	—	2176	—
		人工费小计	元	127675	30.99	136675	27.59	144542	24.80
	材料费	燃气球墨铸铁管 N1型	m	1000.00	—	1000.00	—	1000.00	—
		燃气球墨铸铁管管件 N1型	kg	412.00	—	700.00	—	1046.00	—
		燃气球墨铸铁管压兰 N1型	kg	2070.00	—	2415.00	—	3450.00	—
		胶圈、支承圈（N1型）	套	355.00	—	355.00	—	355.00	—
		螺栓 M20×100	套	1420.00	—	2130.00	—	2130.00	—
		警示带(20#通用型）	m	1080.00	—	1080.00	—	1080.00	—
		型钢（综合）	kg	210.00	—	210.00	—	210.00	—
		商品混凝土 C15	m^3	12.89	—	14.46	—	16.03	—
		板方材	m^3	2.66	—	2.72	—	2.78	—
		钢挡土板	t	4.08	—	4.18	—	4.27	—
		其他材料费	元	50077	—	53717	—	56336	—
		措施费分摊	元	16724	—	20114	—	23664	—
		材料费小计	元	198817	48.26	257833	52.04	321355	55.13
	机械费	空压机 $6m^3/min$	台班	2.80	—	3.10	—	3.10	—
		试压水泵 4.0MPa	台班	1.00	—	2.00	—	2.00	—
		载重汽车 4t	台班	0.47	—	0.48	—	0.63	—
		自卸汽车 4.5t	台班	4.80	—	5.55	—	6.48	—
		其他机械费	元	10023	—	10296	—	10441	—
		措施费分摊	元	961	—	1156	—	1360	—
		机械费小计	元	13122	3.19	13932	2.81	14646	2.51
	直接费小计		元	339614	—	408440	—	480543	—
综合费用			元	72338	17.56	86998	17.56	102356	17.56
合计			元	411952	—	495438	—	582899	—

工程内容： 管沟开挖，回填土方，余土外运，钢支挡土板搭拆，管道基础处理，沟内警示带敷设，施工护栏设置，管道及附件安装，管道试压、吹扫等。

单位：km

指标编号				7F-101		7F-102		7F-103	
项目			单位	管径（mm）					
				250	占指标基价(%)	300	占指标基价(%)	400	占指标基价(%)
指标基价			元	678915	100.00	798364	100.00	1052133	100.00
一、建筑安装工程费			元	678915	100.00	798364	100.00	1052133	100.00
二、设备购置费			元	—	—	—	—	—	—
建筑安装工程费									
直接费	人工费	人工	工日	4835	—	5246	—	5996	—
		措施费分摊	元	2534	—	2980	—	3928	—
		人工费小计	元	152564	22.47	165763	20.76	189984	18.06
	材料费	燃气球墨铸铁管 N1 型	m	1000.00	—	1000.00	—	1000.00	—
		燃气球墨铸铁管管件 N1 型	kg	1347.00	—	1809.00	—	3048.00	—
		燃气球墨铸铁管压兰 N1 型	kg	3811.00	—	4845.00	—	6460.00	—
		胶圈、支承圈（N1 型）	套	333.00	—	333.00	—	333.00	—
		螺栓 M20×100	套	2658.00	—	2658.00	—	3323.00	—
		警示带(20#通用型）	m	1080.00	—	1080.00	—	1080.00	—
		型钢（综合）	kg	210.00	—	210.00	—	210.00	—
		商品混凝土 C15	m^3	16.96	—	19.22	—	22.39	—
		板方材	m^3	2.82	—	2.91	—	3.03	—
		钢挡土板	t	4.32	—	4.46	—	4.65	—
		其他材料费	元	60942	—	64196	—	70965	—
		措施费分摊	元	27563	—	32412	—	42714	—
		材料费小计	元	391369	57.65	471267	59.03	652790	62.04
	机械费	空压机 6m^3/min	台班	3.30	—	3.30	—	3.60	—
		试压水泵 4.0MPa	台班	3.00	—	3.00	—	3.00	—
		载重汽车 4t	台班	0.64	—	0.65	—	0.81	—
		载重汽车 5t	台班	—	—	4.62	—	4.62	—
		汽车起重机 5t	台班	—	—	6.78	—	9.56	—
		自卸汽车 4.5t	台班	7.10	—	8.87	—	11.94	—
		其他机械费	元	11051	—	11178	—	11792	—
		措施费分摊	元	1584	—	1863	—	2455	—
		机械费小计	元	15766	2.32	21143	2.65	24607	2.34
	直接费小计		元	559699	—	658173	—	867381	—
综合费用			元	119216	17.56	140191	17.56	184752	17.56
合计			元	678915	—	798364	—	1052133	—

工程内容：管沟开挖，回填土方，余土外运，钢支挡土板搭拆，管道基础处理，沟内警示带敷设，施工护栏设置，管道及附件安装，管道试压、吹扫等。

单位：km

指标编号				7F-104		7F-105	
项目			单位	管径（mm）			
				500	占指标基价（%）	600	占指标基价（%）
指标基价			元	1319729	100.00	1639883	100.00
一、建筑安装工程费			元	1319729	100.00	1639883	100.00
二、设备购置费			元	—	—	—	—
建筑安装工程费							
直接费	人工费	人工	工日	6909	—	7620	—
		措施费分摊	元	4927	—	6122	—
		人工费小计	元	219313	16.62	242571	14.79
	材料费	燃气球墨铸铁管 N1 型	m	1000.00	—	1000.00	—
		燃气球墨铸铁管管件 N1 型	kg	4425.00	—	6488.00	—
		燃气球墨铸铁管压兰 N1 型	kg	8086.00	—	10263.00	—
		胶圈、支承圈（N1 型）	套	320.00	—	320.00	—
		螺栓 M20×100	套	4479.00	—	5120.00	—
		警示带(20#通用型）	m	2160.00	—	2160.00	—
		型钢（综合）	kg	210.00	—	210.00	—
		商品混凝土 C15	m^3	25.54	—	28.71	—
		板方材	m^3	3.15	—	3.28	—
		钢挡土板	t	4.84	—	5.03	—
		其他材料费	元	80622	—	86813	—
		措施费分摊	元	53578	—	66576	—
		材料费小计	元	839201	63.59	1073940	65.49
	机械费	空压机 $6m^3/min$	台班	3.90	—	4.20	—
		试压水泵 4.0MPa	台班	3.00	—	3.00	—
		载重汽车 4t	台班	0.97	—	1.13	—
		载重汽车 5t	台班	5.72	—	5.72	—
		汽车起重机 5t	台班	12.16	—	—	—
		汽车起重机 8t	台班	—	—	15.60	—
		自卸汽车 4.5t	台班	15.67	—	20.13	—
		其他机械费	元	13234	—	13750	—
		措施费分摊	元	3079	—	3826	—
		机械费小计	元	29474	2.23	35412	2.16
	直接费小计		元	1087988	—	1351923	—
综合费用			元	231741	17.56	287960	17.56
合计			元	1319729	—	1639883	—

2.1.1.3 中低压管道（聚乙烯燃气管）工程

（1）聚乙烯燃气管埋设深度 1m 以内

工程内容：管沟开挖，回填土方，余土外运，沟内警示带敷设，施工护栏设置，管道及附件、钢塑转换接头安装，管道试压、吹扫等。

单位：km

指标编号				7F-106		7F-107		7F-108	
项目			单位	管径（mm）					
				110	占指标基价（%）	160	占指标基价（%）	200	占指标基价（%）
指标基价			元	214068	100.00	341579	100.00	489370	100.00
一、建筑安装工程费			元	214068	100.00	341579	100.00	489370	100.00
二、设备购置费			元	—	—	—	—	—	—
建筑安装工程费									
直接费	人工费	人工	工日	1195	—	1323	—	1438	—
		措施费分摊	元	799	—	1275	—	1827	—
		人工费小计	元	37880	17.70	42328	12.39	46448	9.49
	材料费	PE 燃气管	m	1022.00	—	1022.00	—	1022.00	—
		PE 燃气管管件 $D110$（综合价）	个	187.00	—	—	—	—	—
		PE 燃气管管件 $D160$（综合价）	个	—	—	187.00	—	—	—
		PE 燃气管管件 $D200$（综合价）	个	—	—	—	—	187.00	—
		警示带(20#金属丝带）	m	1080.00	—	1080.00	—	1080.00	—
		型钢（综合）	kg	210.00	—	210.00	—	210.00	—
		其他材料费	元	29339	—	31824	—	33648	—
		措施费分摊	元	8691	—	13867	—	19867	—
		材料费小计	元	125347	58.56	224627	65.76	340896	69.66
	机械费	对接熔接机	台班	10.16	—	13.88	—	18.60	—
		空压机 $6m^3/min$	台班	2.80	—	3.10	—	3.10	—
		载重汽车 4t	台班	0.47	—	0.48	—	0.63	—
		自卸汽车 4.5t	台班	3.35	—	4.00	—	4.63	—
		其他机械费	元	9639	—	9918	—	10054	—
		措施费分摊	元	499	—	797	—	1142	—
		机械费小计	元	13250	6.19	14644	4.29	16094	3.29
	直接费小计		元	176478	—	281599	—	403438	—
综合费用			元	37590	17.56	59981	17.56	85932	17.56
合计			元	214068	—	341579	—	489370	—

工程内容： 管沟开挖，回填土方，余土外运，沟内警示带敷设，施工护栏设置，管道及附件、钢塑转换接头安装，管道试压、吹扫等。

单位：km

指 标 编 号			单位	7F-109		7F-110	
项 目				管径（mm）			
				250	占指标基价（%）	300	占指标基价（%）
指 标 基 价			元	709704	100.00	1000683	100.00
一、建筑安装工程费			元	709704	100.00	1000683	100.00
二、设备购置费			元	—	—	—	—
建筑安装工程费							
直接费	人工费	人工	工日	1591	—	1737	—
		措施费分摊	元	2649	—	3736	—
		人工费小计	元	52018	7.33	57635	5.76
	材料费	PE 燃气管	m	1022.00	—	1022.00	—
		PE 燃气管管件 D250 (综合价)	个	180.00	—	—	—
		PE 燃气管管件 D315 (综合价)	个	—	—	180.00	—
		警示带(20#金属丝带）	m	1080.00	—	1080.00	—
		型钢（综合）	kg	210.00	—	210.00	—
		其他材料费	元	36229	—	38327	—
		措施费分摊	元	28812	—	40626	—
		材料费小计	元	515249	72.60	747262	74.68
	机械费	对接熔接机	台班	23.27	—	30.25	—
		空压机 6m^3/min	台班	3.30	—	3.30	—
		载重汽车 4t	台班	0.64	—	0.65	—
		自卸汽车 4.5t	台班	5.58	—	6.69	—
		其他机械费	元	10207	—	10349	—
		措施费分摊	元	1656	—	2335	—
		机械费小计	元	17814	2.51	20069	2.01
	直接费小计		元	585081	—	824966	—
综合费用			元	124622	17.56	175718	17.56
合 计			元	709704	—	1000683	—

（2）聚乙烯燃气管埋设深度 1.5m 以内

工程内容： 管沟开挖，回填土方，余土外运，沟内警示带敷设，施工护栏设置，管道及附件、钢塑转换接头安装，管道试压、吹扫等。

单位：km

指标编号				7F-111		7F-112		7F-113	
项目			单位	管径（mm）					
				110	占指标基价（%）	160	占指标基价（%）	200	占指标基价（%）
指标基价			元	265444	100.00	396122	100.00	546548	100.00
一、建筑安装工程费			元	265444	100.00	396122	100.00	546548	100.00
二、设备购置费			元	—	—	—	—	—	—
建筑安装工程费									
直接费	人工费	人工	工日	2479	—	2687	—	2867	—
		措施费分摊	元	991	—	1479	—	2040	—
		人工费小计	元	77914	29.35	84856	21.42	91003	16.65
	材料费	PE 燃气管	m	1022.00	—	1022.00	—	1022.00	—
		PE 燃气管管件 *D*110(综合价)	个	187.00	—	—	—	—	—
		PE 燃气管管件 *D*160(综合价)	个	—	—	187.00	—	—	—
		PE 燃气管管件 *D*200(综合价)	个	—	—	—	—	187.00	—
		警示带(20#金属丝带）	m	1080.00	—	1080.00	—	1080.00	—
		型钢（综合）	kg	210.00	—	210.00	—	210.00	—
		其他材料费	元	29454	—	31946	—	33776	—
		措施费分摊	元	10776	—	16082	—	22189	—
		材料费小计	元	127548	48.05	226963	57.30	343345	62.82
	机械费	对接熔接机	台班	10.16	—	13.88	—	18.60	—
		空压机 $6m^3/min$	台班	2.80	—	3.10	—	3.10	—
		载重汽车 4t	台班	0.47	—	0.48	—	0.63	—
		自卸汽车 4.5t	台班	3.35	—	4.00	—	4.63	—
		其他机械费	元	9639	—	9891	—	10054	—
		措施费分摊	元	619	—	924	—	1275	—
		机械费小计	元	13370	5.04	14744	3.72	16227	2.97
	直接费小计		元	218833	—	326564	—	450576	—
综合费用			元	46611	17.56	69558	17.56	95973	17.56
合　计			元	265444	—	396122	—	546548	—

工程内容： 管沟开挖，回填土方，余土外运，沟内警示带敷设，施工护栏设置，管道及附件，钢塑转换接头安装，管道试压、吹扫等。

单位：km

指标编号			单位	7F-114		7F-115	
项目				管径（mm）			
				250	占指标基价（%）	300	占指标基价（%）
指标基价			元	770203	100.00	1064584	100.00
一、建筑安装工程费			元	770203	100.00	1064584	100.00
二、设备购置费			元	—	—	—	—
建筑安装工程费							
直接费	人工费	人工	工日	3103	—	3334	—
		措施费分摊	元	2875	—	3974	—
		人工费小计	元	99161	12.87	107428	10.09
	材料费	PE燃气管	m	1022.00	—	1022.00	—
		PE燃气管管件 D250(综合价)	个	180.00	—	—	—
		PE燃气管管件 D315(综合价)	个	—	—	180.00	—
		警示带(20#金属丝带）	m	1080.00	—	1080.00	—
		型钢（综合）	kg	210.00	—	210.00	—
		其他材料费	元	36364	—	38470	—
		措施费分摊	元	31269	—	43220	—
		材料费小计	元	517840	67.23	749999	70.45
	机械费	对接熔接机	台班	23.27	—	30.25	—
		空压机 $6m^3/min$	台班	3.30	—	3.30	—
		载重汽车 4t	台班	0.64	—	0.65	—
		自卸汽车 4.5t	台班	5.58	—	6.69	—
		其他机械费	元	10207	—	10349	—
		措施费分摊	元	1797	—	2484	—
		机械费小计	元	17955	2.33	20218	1.90
	直接费小计		元	634957	—	877646	—
综合费用			元	135246	17.56	186938	17.56
合计			元	770203	—	1064584	—

（3）聚乙烯燃气管埋设深度 2m 以内

工程内容：管沟开挖，回填土方，余土外运，沟内警示带敷设，施工护栏设置，管道及附件、钢塑转换接头安装，管道试压、吹扫等。

单位：km

指标编号				7F-116		7F-117		7F-118	
项目			单位	管径（mm）					
				110	占指标基价（%）	160	占指标基价（%）	200	占指标基价（%）
指标基价			元	318460	100.00	451737	100.00	604240	100.00
一、建筑安装工程费			元	318460	100.00	451737	100.00	604240	100.00
二、设备购置费			元	—	—	—	—	—	—
建筑安装工程费									
直接费	人工费	人工	工日	3805	—	4078	—	4310	—
		措施费分摊	元	1189	—	1686	—	2256	—
		人工费小计	元	119258	37.45	128227	28.39	135995	22.51
	材料费	PE 燃气管	m	1022.00	—	1022.00	—	1022.00	—
		PE 燃气管管件 *D*110(综合价)	个	187.00	—	—	—	—	—
		PE 燃气管管件 *D*160(综合价)	个	—	—	187.00	—	—	—
		PE 燃气管管件 *D*200(综合价)	个	—	—	—	—	187.00	—
		警示带(20#金属丝带）	m	1080.00	—	1080.00	—	1080.00	—
		型钢（综合）	kg	210.00	—	210.00	—	210.00	—
		其他材料费	元	29541	—	32037	—	33869	—
		措施费分摊	元	12929	—	18340	—	24531	—
		材料费小计	元	129787	40.75	229312	50.76	345780	57.23
	机械费	对接熔接机	台班	10.16	—	13.88	—	18.60	—
		空压机 $6m^3/min$	台班	2.80	—	3.10	—	3.10	—
		载重汽车 4t	台班	0.47	—	0.48	—	0.63	—
		自卸汽车 4.5t	台班	3.35	—	4.00	—	4.63	—
		其他机械费	元	9639	—	9891	—	10054	—
		措施费分摊	元	743	—	1054	—	1410	—
		机械费小计	元	13494	4.24	14874	3.29	16362	2.71
	直接费小计		元	262539	—	372413	—	498137	—
综合费用			元	55921	17.56	79324	17.56	106103	17.56
合　计			元	318460	—	451737	—	604240	—

工程内容： 管沟开挖，回填土方，余土外运，沟内警示带敷设，施工护栏设置，管道及附件、钢塑转换接头安装，管道试压、吹扫等。

单位：km

指标编号				7F-119		7F-120	
项目			单位	管径（mm）			
				250	占指标基价（%）	300	占指标基价（%）
指标基价			元	830573	100.00	1127591	100.00
一、建筑安装工程费			元	830573	100.00	1127591	100.00
二、设备购置费			元	—	—	—	—
建筑安装工程费							
直接费	人工费	人工	工日	4613	—	4910	—
		措施费分摊	元	3101	—	4209	—
		人工费小计	元	146242	17.61	156567	13.89
	材料费	PE 燃气管	m	1022.00	—	1022.00	—
		PE 燃气管管件 $D250$ (综合价)	个	180.00	—	—	—
		PE 燃气管管件 $D315$ (综合价)	个	—	—	180.00	—
		警示带(20#金属丝带)	m	1080.00	—	1080.00	—
		型钢（综合）	kg	210.00	—	210.00	—
		其他材料费	元	36461	—	38570	—
		措施费分摊	元	33720	—	45778	—
		材料费小计	元	520388	62.65	752657	66.75
	机械费	对接熔接机	台班	23.27	—	30.25	—
		空压机 $6m^3/min$	台班	3.30	—	3.30	—
		载重汽车 4t	台班	0.64	—	0.65	—
		自卸汽车 4.5t	台班	5.58	—	6.69	—
		其他机械费	元	10207	—	10349	—
		措施费分摊	元	1938	—	2631	—
		机械费小计	元	18096	2.18	20365	1.81
	直接费小计		元	684726	—	929589	—
综合费用			元	145847	17.56	198002	17.56
合计			元	830573	—	1127591	—

（4）聚乙烯燃气管埋设深度 1.5m 以内(带支挡土板)

工程内容： 管沟开挖，回填土方，余土外运，钢支挡土板搭拆，沟内警示带敷设，施工护栏设置，管道及附件、钢塑转换接头安装，管道试压、吹扫等。

单位：km

指标编号				7F-121		7F-122		7F-123	
项目			单位	管径（mm）					
				110	占指标基价（%）	160	占指标基价（%）	200	占指标基价（%）
指标基价			元	278932	100.00	408854	100.00	558633	100.00
一、建筑安装工程费			元	278932	100.00	408854	100.00	558633	100.00
二、设备购置费			元	—	—	—	—	—	—
建筑安装工程费									
直接费	人工费	人工	工日	2437	—	2615	—	2770	—
		措施费分摊	元	1041	—	1526	—	2085	—
		人工费小计	元	76661	27.48	82670	20.22	88039	15.76
	材料费	PE 燃气管	m	1022.00	—	1022.00	—	1022.00	—
		PE 燃气管管件 *D*110(综合价)	个	187.00	—	—	—	—	—
		PE 燃气管管件 *D*160(综合价)	个	—	—	187.00	—	—	—
		PE 燃气管管件 *D*200(综合价)	个	—	—	—	—	187.00	—
		警示带(20#金属丝带）	m	1080.00	—	1080.00	—	1080.00	—
		型钢（综合）	kg	210.00	—	210.00	—	210.00	—
		板方材	m^3	2.05	—	2.11	—	2.16	—
		钢挡土板	t	3.15	—	3.24	—	3.31	—
		其他材料费	元	41247	—	44082	—	46185	—
		措施费分摊	元	11324	—	16599	—	22679	—
		材料费小计	元	139889	50.15	239616	58.61	356245	63.77
	机械费	对接熔接机	台班	10.16	—	13.88	—	18.60	—
		空压机 $6m^3/min$	台班	2.80	—	3.10	—	3.10	—
		载重汽车 4t	台班	0.47	—	0.48	—	0.63	—
		自卸汽车 4.5t	台班	3.35	—	4.00	—	4.63	—
		其他机械费	元	9639	—	9891	—	10054	—
		措施费分摊	元	651	—	954	—	1303	—
		机械费小计	元	13402	4.80	14774	3.61	16255	2.91
	直接费小计		元	229952	—	337060	—	460539	—
综合费用			元	48980	17.56	71794	17.56	98095	17.56
合计			元	278932	—	408854	—	558633	—

工程内容：管沟开挖，回填土方，余土外运，钢支挡土板搭拆，沟内警示带敷设，施工护栏设置，管道及附件、钢塑转换接头安装，管道试压、吹扫等。

单位：km

指标编号				7F-124		7F-125	
项目			单位	管径（mm）			
				250	占指标基价（%）	300	占指标基价（%）
指标基价			元	798139	100.00	1092083	100.00
一、建筑安装工程费			元	798139	100.00	1092083	100.00
二、设备购置费			元	—	—	—	—
建筑安装工程费							
直接费	人工费	人工	工日	2974	—	3171	—
		措施费分摊	元	2980	—	4077	—
		人工费小计	元	95263	11.94	102473	9.38
	材料费	PE 燃气管	m	1022.00	—	1022.00	—
		PE 燃气管管件 $D250$ (综合价)	个	180.00	—	—	—
		PE 燃气管管件 $D315$ (综合价)	个	—	—	180.00	—
		警示带(20#金属丝带）	m	1080.00	—	1080.00	—
		型钢（综合）	kg	210.00	—	210.00	—
		板方材	m^3	2.22	—	2.28	—
		钢挡土板	t	3.40	—	3.50	—
		其他材料费	元	49116	—	51563	—
		措施费分摊	元	32403	—	44336	—
		材料费小计	元	544705	68.25	777561	71.20
	机械费	对接熔接机	台班	23.27	—	30.25	—
		空压机 $6m^3/min$	台班	3.30	—	3.30	—
		载重汽车 4t	台班	0.64	—	0.65	—
		自卸汽车 4.5t	台班	5.58	—	6.69	—
		其他机械费	元	10207	—	10349	—
		措施费分摊	元	1862	—	2548	—
		机械费小计	元	18020	2.26	20282	1.86
	直接费小计		元	657988	—	900316	—
综合费用			元	140151	17.56	191767	17.56
合　计			元	798139	—	1092083	—

（5）聚乙烯燃气管埋设深度2m以内（带支挡土板）

工程内容： 管沟开挖，回填土方，余土外运，钢支挡土板搭拆，沟内警示带敷设，施工护栏设置，管道及附件、钢塑转换接头安装，管道试压、吹扫等。

单位：km

指标编号				7F-126		7F-127		7F-128	
项目			单位	管径（mm）					
				110	占指标基价（%）	160	占指标基价（%）	200	占指标基价（%）
指标基价			元	316511	100.00	448151	100.00	599293	100.00
一、建筑安装工程费			元	316511	100.00	448151	100.00	599293	100.00
二、设备购置费			元	—	—	—	—	—	—
建筑安装工程费									
直接费	人工费	人工	工日	3266	—	3487	—	3676	—
		措施费分摊	元	1182	—	1673	—	2237	—
		人工费小计	元	102526	32.39	109875	24.52	116304	19.41
	材料费	PE燃气管	m	1022.00	—	1022.00	—	1022.00	—
		PE燃气管管件 *D*110（综合价）	个	187.00	—	—	—	—	—
		PE燃气管管件 *D*160（综合价）	个	—	—	187.00	—	—	—
		PE燃气管管件 *D*200（综合价）	个	—	—	—	—	187.00	—
		警示带（20#金属丝带）	m	1080.00	—	1080.00	—	1080.00	—
		型钢（综合）	kg	210.00	—	210.00	—	210.00	—
		板方材	m^3	2.65	—	2.71	—	2.76	—
		钢挡土板	t	4.07	—	4.16	—	4.23	—
		其他材料费	元	44750	—	47587	—	49694	—
		措施费分摊	元	12850	—	18194	—	24330	—
		材料费小计	元	144917	45.79	244716	54.61	361404	60.31
	机械费	对接熔接机	台班	10.16	—	13.88	—	18.60	—
		空压机 $6m^3/min$	台班	2.80	—	3.10	—	3.10	—
		载重汽车 4t	台班	0.47	—	0.48	—	0.63	—
		自卸汽车 4.5t	台班	3.35	—	4.00	—	4.63	—
		其他机械费	元	9639	—	9891	—	10054	—
		措施费分摊	元	738	—	1046	—	1398	—
		机械费小计	元	13489	4.26	14866	3.32	16350	2.73
	直接费小计		元	260932	—	369457	—	494058	—
综合费用			元	55579	17.56	78694	17.56	105234	17.56
合计			元	316511	—	448151	—	599293	—

工程内容： 管沟开挖，回填土方，余土外运，钢支挡土板搭拆，沟内警示带敷设，施工护栏设置，管道及附件、钢塑转换接头安装，管道试压、吹扫等。

单位：km

指标编号				7F-129		7F-130	
项目			单位	管径（mm）			
				250	占指标基价（%）	300	占指标基价（%）
指标基价			元	844989	100.00	1140651	100.00
一、建筑安装工程费			元	844989	100.00	1140651	100.00
二、设备购置费			元	—	—	—	—
建筑安装工程费							
直接费	人工费	人工	工日	3922	—	4162	—
		措施费分摊	元	3154	—	4258	—
		人工费小计	元	124854	14.78	133405	11.70
	材料费	PE燃气管	m	1022.00	—	1022.00	—
		PE燃气管管件 *D*250（综合价）	个	180.00	—	—	—
		PE燃气管管件 *D*315（综合价）	个	—	—	180.00	—
		警示带（20#金属丝带）	m	1080.00	—	1080.00	—
		型钢（综合）	kg	210.00	—	210.00	—
		板方材	m^3	2.82	—	2.88	—
		钢挡土板	t	4.32	—	4.42	—
		其他材料费	元	52626	—	55075	—
		措施费分摊	元	34305	—	46308	—
		材料费小计	元	553627	65.52	786555	68.96
	机械费	对接熔接机	台班	23.27	—	30.25	—
		空压机 6m^3/min	台班	3.30	—	3.30	—
		载重汽车 4t	台班	0.64	—	0.65	—
		自卸汽车 4.5t	台班	5.58	—	6.69	—
		其他机械费	元	10207	—	10349	—
		措施费分摊	元	1972	—	2661	—
		机械费小计	元	18130	2.15	20395	1.79
	直接费小计		元	696611	—	940356	—
综合费用			元	148378	17.56	200296	17.56
合计			元	844989	—	1140651	—

2.1.2 高压管道（钢管）工程

2.1.2.1 钢管埋设深度 1m 以内

工程内容： 管沟开挖，回填土方，余土外运，沟内警示带敷设，施工护栏设置，管道防腐、补口，管道及附件、阴极保护、绝缘接头、测试桩安装，管道探伤、试压、吹扫等。

单位：km

指标编号				7F-131		7F-132		7F-133	
项目			单位	管径（mm）					
				100	占指标基价（%）	150	占指标基价（%）	200	占指标基价（%）
指标基价			元	303624	100.00	419556	100.00	613736	100.00
一、建筑安装工程费			元	303624	100.00	419556	100.00	613736	100.00
二、设备购置费			元	—	—	—	—	—	—
建筑安装工程费									
直接费	人工费	人工	工日	2435	—	3075	—	3767	—
		措施费分摊	元	1133	—	1566	—	2291	—
		人工费小计	元	76691	25.26	96983	23.12	119181	19.42
	材料费	无缝钢管（综合价）	m	1012.00	—	1010.00	—	1009.00	—
		无缝钢管管件（综合价）	kg	141.00	—	376.00	—	902.00	—
		防腐内胶带	m^2	684.75	—	1007.58	—	1385.54	—
		防腐外胶带	m^2	505.38	—	743.14	—	1022.66	—
		煤焦油沥青漆	kg	181.90	—	267.50	—	368.08	—
		镁阳极 MUG-3	kg	72.00	—	120.00	—	152.00	—
		玻璃钢测试桩	个	2.00	—	2.00	—	2.00	—
		长效参比电极	支	2.00	—	2.00	—	2.00	—
		绝缘接头 JY25	个	0.50	—	0.50	—	0.50	—
		警示带（20#通用型）	m	1080.00	—	1080.00	—	1080.00	—
		型钢（综合）	kg	210.00	—	210.00	—	210.00	—
		其他材料费	元	40576	—	45711	—	52705	—
		措施费分摊	元	12327	—	17033	—	24916	—
		材料费小计	元	152996	50.39	223739	53.32	356770	58.13
	机械费	缠绕机	台班	9.20	—	13.53	—	18.61	—
		直流电焊机 20kW	台班	39.46	—	63.61	—	71.64	—
		超声波探伤机 CTS-26	台班	4.90	—	4.90	—	9.40	—
		X 光探伤机 TX-2505	台班	7.70	—	7.70	—	11.41	—
		空压机 $6m^3/min$	台班	2.84	—	3.14	—	3.14	—
		载重汽车 4t	台班	0.47	—	0.48	—	0.63	—
		汽车起重机 5t	台班	9.18	—	13.50	—	18.58	—
		自卸汽车 4.5t	台班	3.26	—	4.12	—	4.98	—
		其他机械费	元	9551	—	9999	—	10119	—
		措施费分摊	元	708	—	979	—	1432	—
		机械费小计	元	20621	6.79	25161	6.00	30014	4.89
	直接费小计		元	250308	—	345883	—	505965	—
综合费用			元	53316	17.56	73673	17.56	107771	17.56
合计			元	303624	—	419556	—	613736	—

工程内容：管沟开挖，回填土方，余土外运，管道基础处理，沟内警示带敷设，施工护栏设置，管道防腐、补口，管道及附件、阴极保护、绝缘接头、测试桩安装，管道探伤、试压、吹扫等。

单位：km

指标编号				7F-134		7F-135		7F-136	
项目			单位	管径（mm）					
				300	占指标基价（%）	400	占指标基价（%）	500	占指标基价（%）
指标基价			元	799847	100.00	1104467	100.00	1494787	100.00
一、建筑安装工程费			元	799847	100.00	1104467	100.00	1494787	100.00
二、设备购置费			元	—	—	—	—	—	—
建筑安装工程费									
直接费	人工费	人工	工日	5060	—	7143	—	8746	—
		措施费分摊	元	2986	—	4123	—	5580	—
		人工费小计	元	159998	20.00	225770	20.44	276968	18.53
	材料费	无缝钢管（综合价）	m	1007.00	—	1005.00	—	1003.00	—
		无缝钢管管件（综合价）	kg	2074.00	—	3617.00	—	5367.00	—
		防腐内胶带	m^2	2056.50	—	2695.39	—	3350.10	—
		防腐外胶带	m^2	1517.60	—	1988.74	—	2470.10	—
		煤焦油沥青漆	kg	546.24	—	715.83	—	889.17	—
		镁阳极 MUG–3	kg	240.00	—	288.00	—	352.00	—
		玻璃钢测试桩	个	2.00	—	2.00	—	2.00	—
		长效参比电极	支	2.00	—	2.00	—	2.00	—
		绝缘接头 JY25	个	0.50	—	0.50	—	0.50	—
		警示带（20#通用型）	m	1080.00	—	1080.00	—	2160.00	—
		型钢（综合）	kg	210.00	—	210.00	—	210.00	—
		其他材料费	元	65368	—	80098	—	91848	—
		措施费分摊	元	32472	—	44839	—	60685	—
		材料费小计	元	455705	56.97	629833	57.03	889292	59.49
	机械费	缠绕机	台班	27.61	—	36.18	—	44.93	—
		直流电焊机 20kW	台班	110.60	—	159.95	—	190.31	—
		超声波探伤机 CTS–26	台班	13.68	—	17.67	—	17.67	—
		X 光探伤机 TX–2505	台班	14.29	—	17.89	—	20.80	—
		空压机 6m³/min	台班	3.34	—	3.64	—	3.94	—
		载重汽车 4t	台班	0.65	—	0.81	—	0.97	—
		载重汽车 5t	台班	3.52	—	4.63	—	5.84	—
		汽车起重机 5t	台班	34.53	—	44.34	—	56.55	—
		自卸汽车 4.5t	台班	7.27	—	9.58	—	13.04	—
		其他机械费	元	10183	—	10449	—	10805	—
		措施费分摊	元	1866	—	2577	—	3488	—
		机械费小计	元	43693	5.46	54922	4.97	66046	4.42
	直接费小计		元	659396	—	910525	—	1232306	—
综合费用			元	140451	17.56	193942	17.56	262481	17.56
合计			元	799847	—	1104467	—	1494787	—

工程内容：管沟开挖、回填土方，余土外运，管道基础处理，沟内警示带敷设，施工护栏设置，管道防腐、补口，管道及附件、阴极保护、绝缘接头、测试桩安装，管道探伤、试压、吹扫等。

单位：km

指标编号				7F-137		7F-138		7F-139	
项目			单位	管径（mm）					
				600	占指标基价（%）	700	占指标基价（%）	800	占指标基价（%）
指标基价			元	1855596	100.00	2223531	100.00	2538799	100.00
一、建筑安装工程费			元	1855596	100.00	2223531	100.00	2538799	100.00
二、设备购置费			元	—	—	—	—	—	—
建筑安装工程费									
直接费	人工费	人工	工日	10187	—	11488	—	12982	—
		措施费分摊	元	6927	—	8301	—	9478	—
		人工费小计	元	323030	17.41	364774	16.41	412309	16.24
	材料费	无缝钢管（综合价）	m	1003.00	—	1003.00	—	1003.00	—
		无缝钢管管件（综合价）	kg	6119.00	—	6746.00	—	7573.00	—
		防腐内胶带	m^2	3989.00	—	4559.20	—	5191.31	—
		防腐外胶带	m^2	2941.24	—	3361.87	—	3828.63	—
		煤焦油沥青漆	kg	1058.77	—	1210.17	—	1378.16	—
		镁阳极 MUG-3	kg	440.00	—	506.00	—	572.00	—
		玻璃钢测试桩	个	2.00	—	2.00	—	2.00	—
		长效参比电极	支	2.00	—	2.00	—	2.00	—
		绝缘接头 JY25	个	0.50	—	0.50	—	0.50	—
		警示带（20#通用型）	m	2160.00	—	2160.00	—	2160.00	—
		型钢（综合）	kg	210.00	—	210.00	—	210.00	—
		其他材料费	元	107549	—	118426	—	134775	—
		措施费分摊	元	75333	—	90271	—	103070	—
		材料费小计	元	1129569	60.87	1381355	62.12	1578843	62.19
	机械费	缠绕机	台班	53.51	—	61.16	—	69.65	—
		直流电焊机 20kW	台班	195.30	—	204.31	—	218.24	—
		超声波探伤机 CTS-26	台班	24.93	—	30.51	—	36.82	—
		X光探伤机 TX-2505	台班	23.63	—	24.81	—	30.02	—
		空压机 $6m^3/min$	台班	4.24	—	4.54	—	4.74	—
		载重汽车 4t	台班	1.29	—	1.45	—	1.61	—
		载重汽车 5t	台班	5.87	—	8.17	—	9.55	—
		汽车起重机 5t	台班	70.94	—	80.95	—	69.55	—
		汽车起重机 8t	台班	—	—	—	—	25.15	—
		自卸汽车 4.5t	台班	17.61	—	22.39	—	27.89	—
		其他机械费	元	11248	—	11527	—	11852	—
		措施费分摊	元	4330	—	5188	—	5924	—
		机械费小计	元	77159	4.16	86955	3.91	101840	4.01
	直接费小计		元	1529758	—	1833084	—	2092992	—
综合费用			元	325838	17.56	390447	17.56	445807	17.56
合计			元	1855596	—	2223531	—	2538799	—

工程内容：管沟开挖，回填土方，余土外运，管道基础处理，沟内警示带敷设，施工护栏设置，管道防腐、补口，管道及附件、阴极保护、绝缘接头、测试桩安装，管道探伤、试压、吹扫等。

单位：km

指标编号				7F-140		7F-141	
项目			单位	管径（mm）			
				900	占指标基价（%）	1000	占指标基价（%）
指标基价			元	2923676	100.00	3352116	100.00
一、建筑安装工程费			元	2923676	100.00	3352116	100.00
二、设备购置费			元	—	—	—	—
建筑安装工程费							
直接费	人工费	人工	工日	14959	—	16617	—
		措施费分摊	元	10914	—	12514	—
		人工费小计	元	475092	16.25	528140	15.76
	材料费	无缝钢管（综合价）	m	1003.00	—	1003.00	—
		无缝钢管管件（综合价）	kg	8734.00	—	10804.00	—
		防腐内胶带	m^2	4295.39	—	4761.94	—
		防腐外胶带	m^2	5823.42	—	6457.57	—
		煤焦油沥青漆	kg	1546.15	—	1714.14	—
		镁阳极 MUG–3	kg	638.00	—	726.00	—
		玻璃钢测试桩	个	2.00	—	2.00	—
		长效参比电极	支	2.00	—	2.00	—
		绝缘接头 JY25	个	0.50	—	0.50	—
		警示带（20#通用型）	m	2160.00	—	2160.00	—
		型钢（综合）	kg	210.00	—	210.00	—
		其他材料费	元	148017	—	165967	—
		措施费分摊	元	118695	—	136089	—
		材料费小计	元	1822069	62.32	2102625	62.72
	机械费	缠绕机	台班	78.14	—	86.63	—
		直流电焊机 20kW	台班	233.80	—	272.60	—
		超声波探伤机 CTS–26	台班	42.61	—	49.71	—
		X 光探伤机 TX–2505	台班	31.78	—	34.69	—
		空压机 $6m^3/min$	台班	5.04	—	5.34	—
		载重汽车 4t	台班	1.77	—	1.94	—
		载重汽车 5t	台班	9.60	—	10.92	—
		汽车起重机 5t	台班	78.03	—	86.51	—
		汽车起重机 8t	台班	28.54	—	—	—
		汽车起重机 12t	台班	—	—	32.42	—
		自卸汽车 4.5t	台班	34.01	—	40.86	—
		其他机械费	元	12177	—	124906	—
		措施费分摊	元	6822	—	7821	—
		机械费小计	元	113124	3.87	132727	3.96
	直接费小计		元	2410285	—	2763492	—
综合费用			元	513391	17.56	588624	17.56
合计			元	2923676	—	3352116	—

2.1.2.2 钢管埋设深度 1.5m 以内

工程内容：管沟开挖，回填土方，余土外运，沟内警示带敷设，施工护栏设置，管道防腐、补口，管道及附件、阴极保护、绝缘接头、测试桩安装，管道探伤、试压、吹扫等。

单位：km

指 标 编 号				7F-142		7F-143		7F-144	
项 目			单位	管径（mm）					
				100	占指标基价（%）	150	占指标基价（%）	200	占指标基价（%）
指 标 基 价			元	355280	100.00	475572	100.00	673116	100.00
一、建筑安装工程费			元	355280	100.00	475572	100.00	673116	100.00
二、设备购置费			元	—	—	—	—	—	—
建筑安装工程费									
直接费	人工费	人工	工日	3726	—	4475	—	5251	—
		措施费分摊	元	1326	—	1775	—	2513	—
		人工费小计	元	116944	32.92	140634	29.57	165452	24.58
	材料费	无缝钢管（综合价）	m	1012.00	—	1010.00	—	1009.00	—
		无缝钢管管件（综合价）	kg	141.00	—	376.00	—	902.00	—
		防腐内胶带	m^2	684.75	—	1007.58	—	1385.54	—
		防腐外胶带	m^2	505.38	—	743.14	—	1022.66	—
		煤焦油沥青漆	kg	181.90	—	267.50	—	368.08	—
		镁阳极 MUG-3	kg	72.00	—	120.00	—	152.00	—
		玻璃钢测试桩	个	2.00	—	2.00	—	2.00	—
		长效参比电极	支	2.00	—	2.00	—	2.00	—
		绝缘接头 JY25	个	0.50	—	0.50	—	0.50	—
		警示带（20#通用型）	m	1080.00	—	1080.00	—	1080.00	—
		型钢（综合）	kg	210.00	—	210.00	—	210.00	—
		其他材料费	元	40691	—	45835	—	52837	—
		措施费分摊	元	14424	—	19307	—	27327	—
		材料费小计	元	155208	43.68	226137	47.55	359313	53.38
	机械费	缠绕机	台班	9.20	—	13.53	—	18.61	—
		直流电焊机 20kW	台班	39.46	—	63.61	—	71.64	—
		超声波探伤机 CTS-26	台班	4.90	—	4.90	—	9.40	—
		X 光探伤机 TX-2505	台班	7.70	—	7.70	—	11.41	—
		空压机 $6m^3/min$	台班	2.84	—	3.14	—	3.14	—
		载重汽车 4t	台班	0.47	—	0.48	—	0.63	—
		汽车起重机 5t	台班	9.18	—	13.50	—	18.58	—
		自卸汽车 4.5t	台班	3.26	—	4.12	—	4.98	—
		其他机械费	元	9551	—	9999	—	10119	—
		措施费分摊	元	829	—	1110	—	1571	—
		机械费小计	元	20742	5.84	25292	5.32	30153	4.48
	直接费小计		元	292894	—	392063	—	554918	—
综合费用			元	62386	17.56	83509	17.56	118198	17.56
合 计			元	355280	—	475572	—	673116	—

工程内容：管沟开挖，回填土方，余土外运，沟内警示带敷设，施工护栏设置，管道防腐、补口，管道及附件、阴极保护、绝缘接头、测试桩安装，管道探伤、试压、吹扫等。

单位：km

指标编号				7F-145		7F-146		7F-147	
项目			单位	管径（mm）					
				300	占指标基价（%）	400	占指标基价（%）	500	占指标基价（%）
指标基价			元	866388	100.00	1162164	100.00	1557799	100.00
一、建筑安装工程费			元	866388	100.00	1162164	100.00	1557799	100.00
二、设备购置费			元	—	—	—	—	—	—
建筑安装工程费									
直接费	人工费	人工	工日	6723	—	8586	—	10322	—
		措施费分摊	元	3234	—	4339	—	5815	—
		人工费小计	元	211849	24.45	270763	23.30	326107	20.93
	材料费	无缝钢管（综合价）	m	1007.00	—	1005.00	—	1003.00	—
		无缝钢管管件（综合价）	kg	2074.00	—	3617.00	—	5367.00	—
		防腐内胶带	m^2	2056.50	—	2695.39	—	3350.10	—
		防腐外胶带	m^2	1517.60	—	1988.74	—	2470.10	—
		煤焦油沥青漆	kg	546.24	—	715.83	—	889.17	—
		镁阳极 MUG-3	kg	240.00	—	288.00	—	352.00	—
		玻璃钢测试桩	个	2.00	—	2.00	—	2.00	—
		长效参比电极	支	2.00	—	2.00	—	2.00	—
		绝缘接头 JY25	个	0.50	—	0.50	—	0.50	—
		警示带（$20^{\#}$通用型）	m	1080.00	—	1080.00	—	2160.00	—
		型钢（综合）	kg	210.00	—	210.00	—	210.00	—
		其他材料费	元	65516	—	80194	—	91951	—
		措施费分摊	元	35174	—	47181	—	63243	—
		材料费小计	元	458555	52.93	632271	54.40	891953	57.26
	机械费	缠绕机	台班	27.61	—	36.18	—	44.93	—
		直流电焊机 20kW	台班	110.60	—	159.95	—	190.31	—
		超声波探伤机 CTS-26	台班	13.68	—	17.67	—	17.67	—
		X 光探伤机 TX-2505	台班	14.29	—	17.89	—	20.80	—
		空压机 $6m^3/min$	台班	3.34	—	3.64	—	3.94	—
		载重汽车 4t	台班	0.65	—	0.81	—	0.97	—
		载重汽车 5t	台班	3.52	—	4.63	—	5.84	—
		汽车起重机 5t	台班	34.53	—	44.34	—	56.55	—
		自卸汽车 4.5t	台班	7.27	—	9.58	—	13.04	—
		其他机械费	元	10183	—	10449	—	10805	—
		措施费分摊	元	2021	—	2712	—	3635	—
		机械费小计	元	43848	5.06	55057	4.74	66193	4.25
	直接费小计		元	714252	—	958091	—	1284253	—
综合费用			元	152136	17.56	204073	17.56	273546	17.56
合计			元	866388	—	1162164	—	1557799	—

工程内容：管沟开挖，回填土方，余土外运，沟内警示带敷设，施工护栏设置，管道防腐、补口，管道及附件、阴极保护、绝缘接头、测试桩安装，管道探伤、试压、吹扫等。

单位：km

指标编号				7F-148		7F-149		7F-150	
项目			单位	管径（mm）					
				600	占指标基价（%）	700	占指标基价（%）	800	占指标基价（%）
指标基价			元	1927201	100.00	2300889	100.00	2622113	100.00
一、建筑安装工程费			元	1927201	100.00	2300889	100.00	2622113	100.00
二、设备购置费			元	—	—	—	—	—	—
建筑安装工程费									
直接费	人工费	人工	工日	11978	—	13423	—	15066	—
		措施费分摊	元	7195	—	8590	—	9789	—
		人工费小计	元	378872	19.66	425106	18.47	477287	18.20
	材料费	无缝钢管（综合价）	m	1003.00	—	1003.00	—	1003.00	—
		无缝钢管管件（综合价）	kg	6119.00	—	6746.00	—	7573.00	—
		防腐内胶带	m^2	3989.00	—	4559.20	—	5191.31	—
		防腐外胶带	m^2	2941.24	—	3361.87	—	3828.63	—
		煤焦油沥青漆	kg	1058.77	—	1210.17	—	1378.16	—
		镁阳极 MUG-3	kg	440.00	—	506.00	—	572.00	—
		玻璃钢测试桩	个	2.00	—	2.00	—	2.00	—
		长效参比电极	支	2.00	—	2.00	—	2.00	—
		绝缘接头 JY25	个	0.50	—	0.50	—	0.50	—
		警示带（20#通用型）	m	2160.00	—	2160.00	—	2160.00	—
		型钢（综合）	kg	201.00	—	201.00	—	201.00	—
		其他材料费	元	107664	—	118548	—	134905	—
		措施费分摊	元	78240	—	93411	—	106452	—
		材料费小计	元	1132591	58.77	1384617	60.18	1582355	60.35
	机械费	缠绕机	台班	53.51	—	61.16	—	69.65	—
		直流电焊机 20kW	台班	195.30	—	204.31	—	218.24	—
		超声波探伤机 CTS-26	台班	24.93	—	30.51	—	36.82	—
		X 光探伤机 TX-2505	台班	23.63	—	24.81	—	30.02	—
		空压机 $6m^3/min$	台班	4.24	—	4.54	—	4.74	—
		载重汽车 4t	台班	1.29	—	1.45	—	1.61	—
		载重汽车 5t	台班	5.87	—	8.17	—	9.55	—
		汽车起重机 5t	台班	70.94	—	80.95	—	69.55	—
		汽车起重机 8t	台班	—	—	—	—	25.15	—
		自卸汽车 4.5t	台班	17.61	—	22.39	—	27.89	—
		其他机械费	元	11248	—	11527	—	11852	—
		措施费分摊	元	4497	—	5368	—	6118	—
		机械费小计	元	77326	4.01	87135	3.79	102034	3.89
	直接费小计		元	1588789	—	1896858	—	2161676	—
综合费用			元	338412	17.56	404031	17.56	460437	17.56
合计			元	1927201	—	2300889	—	2622113	—

工程内容： 管沟开挖，回填土方，余土外运，沟内警示带敷设，施工护栏设置，管道防腐、补口，管道及附件、阴极保护、绝缘接头、测试桩安装，管道探伤、试压、吹扫等。

单位：km

指标编号				7F-151		7F-152	
项目			单位	管径（mm）			
				900	占指标基价（%）	1000	占指标基价（%）
指标基价			元	2992177	100.00	3423754	100.00
一、建筑安装工程费			元	2992177	100.00	3423754	100.00
二、设备购置费			元	—	—	—	—
建筑安装工程费							
直接费	人工费	人工	工日	16678	—	18408	—
		措施费分摊	元	11170	—	12781	—
		人工费小计	元	528688	17.67	583981	17.06
	材料费	无缝钢管（综合价）	m	1003.00	—	1003.00	—
		无缝钢管管件（综合价）	kg	8734.00	—	10804.00	—
		防腐内胶带	m^2	4295.39	—	4761.94	—
		防腐外胶带	m^2	5823.42	—	6457.57	—
		煤焦油沥青漆	kg	1546.15	—	1714.14	—
		镁阳极 MUG-3	kg	638.00	—	726.00	—
		玻璃钢测试桩	个	2.00	—	2.00	—
		长效参比电极	支	2.00	—	2.00	—
		绝缘接头 JY25	个	0.50	—	0.50	—
		警示带（20#通用型）	m	2160.00	—	2160.00	—
		型钢（综合）	kg	201.00	—	201.00	—
		其他材料费	元	147954	—	166110	—
		措施费分摊	元	121476	—	138997	—
		材料费小计	元	1824787	60.98	2105676	61.50
	机械费	缠绕机	台班	78.14	—	86.63	—
		直流电焊机 20kW	台班	233.80	—	272.60	—
		超声波探伤机 CTS-26	台班	42.61	—	49.71	—
		X 光探伤机 TX-2505	台班	31.78	—	34.69	—
		空压机 $6m^3/min$	台班	5.04	—	5.34	—
		载重汽车 4t	台班	1.77	—	1.94	—
		载重汽车 5t	台班	9.60	—	10.92	—
		汽车起重机 5t	台班	78.03	—	86.51	—
		汽车起重机 8t	台班	28.54	—	—	—
		汽车起重机 12t	台班	—	—	32.42	—
		自卸汽车 4.5t	台班	34.01	—	40.86	—
		其他机械费	元	12177	—	124906	—
		措施费分摊	元	6981	—	7988	—
		机械费小计	元	113283	3.79	132894	3.88
	直接费小计		元	2466758	—	2822551	—
综合费用			元	525419	17.56	601203	17.56
合计			元	2992177	—	3423754	—

2.1.2.3 钢管埋设深度 2m 以内

工程内容：管沟开挖，回填土方，余土外运，沟内警示带敷设，施工护栏设置，管道防腐、补口，管道及附件、阴极保护、绝缘接头、测试桩安装，管道探伤、试压、吹扫等。

单位：km

指标编号				7F-153		7F-154		7F-155	
项目			单位	管径（mm）					
				100	占指标基价（%）	150	占指标基价（%）	200	占指标基价（%）
指标基价			元	408736	100.00	532467	100.00	732725	100.00
一、建筑安装工程费			元	408736	100.00	532467	100.00	732725	100.00
二、设备购置费			元	—	—	—	—	—	—
建筑安装工程费									
直接费	人工费	人工	工日	5063	—	5898	—	6742	—
		措施费分摊	元	1526	—	1988	—	2735	—
		人工费小计	元	158631	38.81	185003	34.75	211939	28.92
	材料费	无缝钢管（综合价）	m	1012.00	—	1010.00	—	1009.00	—
		无缝钢管管件（综合价）	kg	141.00	—	376.00	—	902.00	—
		防腐内胶带	m^2	684.75	—	1007.58	—	1385.54	—
		防腐外胶带	m^2	505.38	—	743.14	—	1022.66	—
		煤焦油沥青漆	kg	181.90	—	267.50	—	368.08	—
		镁阳极 MUG-3	kg	72.00	—	120.00	—	152.00	—
		玻璃钢测试桩	个	2.00	—	2.00	—	2.00	—
		长效参比电极	支	2.00	—	2.00	—	2.00	—
		绝缘接头 JY25	个	0.50	—	0.50	—	0.50	—
		警示带（20#通用型）	m	1080.00	—	1080.00	—	1080.00	—
		型钢（综合）	kg	210.00	—	210.00	—	210.00	—
		其他材料费	元	40778	—	45928	—	52933	—
		措施费分摊	元	16594	—	21617	—	29747	—
		材料费小计	元	157465	38.52	228540	42.92	361829	49.38
	机械费	缠绕机	台班	9.20	—	13.53	—	18.61	—
		直流电焊机 20kW	台班	39.46	—	63.61	—	71.64	—
		超声波探伤机 CTS-26	台班	4.90	—	4.90	—	9.40	—
		X 光探伤机 TX-2505	台班	7.70	—	7.70	—	11.41	—
		空压机 6m³/min	台班	2.84	—	3.14	—	3.14	—
		载重汽车 4t	台班	0.47	—	0.48	—	0.63	—
		汽车起重机 5t	台班	9.18	—	13.50	—	18.58	—
		自卸汽车 4.5t	台班	3.26	—	4.12	—	4.98	—
		其他机械费	元	9551	—	9999	—	10119	—
		措施费分摊	元	954	—	1242	—	1710	—
		机械费小计	元	20867	5.11	25424	4.77	30292	4.13
	直接费小计		元	336963	—	438967	—	604060	—
综合费用			元	71773	17.56	93500	17.56	128665	17.56
合计			元	408736	—	532467	—	732725	—

工程内容：管沟开挖，回填土方，余土外运，沟内警示带敷设，施工护栏设置，管道防腐、补口，管道及附件、阴极保护、绝缘接头、测试桩安装，管道探伤、试压、吹扫等。

单位：km

指标编号				7F-156		7F-157		7F-158	
项目			单位	管径（mm）					
				300	占指标基价（%）	400	占指标基价（%）	500	占指标基价（%）
指标基价			元	931635	100.00	1217004	100.00	1616320	100.00
一、建筑安装工程费			元	931635	100.00	1217004	100.00	1616320	100.00
二、设备购置费			元	—	—	—	—	—	—
建筑安装工程费									
直接费	人工费	人工	工日	8355	—	9957	—	11785	—
		措施费分摊	元	3478	—	4543	—	6034	—
		人工费小计	元	262734	28.20	313509	25.76	371723	23.00
	材料费	无缝钢管（综合价）	m	1007.00	—	1005.00	—	1003.00	—
		无缝钢管管件(综合价）	kg	2074.00	—	3617.00	—	5367.00	—
		防腐内胶带	m^2	2056.50	—	2695.39	—	3350.10	—
		防腐外胶带	m^2	1517.60	—	1988.74	—	2470.10	—
		煤焦油沥青漆	kg	546.24	—	715.83	—	889.17	—
		镁阳极 MUG-3	kg	240.00	—	288.00	—	352.00	—
		玻璃钢测试桩	个	2.00	—	2.00	—	2.00	—
		长效参比电极	支	2.00	—	2.00	—	2.00	—
		绝缘接头 JY25	个	0.50	—	0.50	—	0.50	—
		警示带（20#通用型）	m	1080.00	—	1080.00	—	2160.00	—
		型钢（综合）	kg	210.00	—	210.00	—	210.00	—
		其他材料费	元	65620	—	80303	—	92068	—
		措施费分摊	元	37822	—	49408	—	65619	—
		材料费小计	元	461307	49.52	634607	52.15	894446	55.34
	机械费	缠绕机	台班	27.61	—	36.18	—	44.93	—
		直流电焊机 20kW	台班	110.60	—	159.95	—	190.31	—
		超声波探伤机 CTS-26	台班	13.68	—	17.67	—	17.67	—
		X 光探伤机 TX-2505	台班	14.29	—	17.89	—	20.80	—
		空压机 6m³/min	台班	3.34	—	3.64	—	3.94	—
		载重汽车 4t	台班	0.65	—	0.81	—	0.97	—
		载重汽车 5t	台班	3.52	—	4.63	—	5.84	—
		汽车起重机 5t	台班	34.53	—	44.34	—	56.55	—
		自卸汽车 4.5t	台班	7.27	—	9.58	—	13.04	—
		其他机械费	元	10183	—	10449	—	10805	—
		措施费分摊	元	2174	—	2840	—	3771	—
		机械费小计	元	44001	4.72	55185	4.53	66329	4.10
	直接费小计		元	768042	—	1003301	—	1332498	—
综合费用			元	163593	17.56	213703	17.56	283822	17.56
合计			元	931635	—	1217004	—	1616320	—

工程内容：管沟开挖，回填土方，余土外运，沟内警示带敷设，施工护栏设置，管道防腐、补口，管道及附件、阴极保护、绝缘接头、测试桩安装，管道探伤、试压、吹扫等。

单位：km

指标编号				7F-159		7F-160		7F-161	
项目			单位	管径（mm）					
				600	占指标基价(%)	700	占指标基价（%）	800	占指标基价（%）
指标基价			元	1991802	100.00	2369330	100.00	2694396	100.00
一、建筑安装工程费			元	1991802	100.00	2369330	100.00	2694396	100.00
二、设备购置费			元	—	—	—	—	—	—
建筑安装工程费									
直接费	人工费	人工	工日	13593	—	15134	—	16873	—
		措施费分摊	元	7436	—	8845	—	10059	—
		人工费小计	元	429227	21.55	478453	20.19	533628	19.81
	材料费	无缝钢管（综合价）	m	1003.00	—	1003.00	—	1003.00	—
		无缝钢管管件(综合价)	kg	6119.00	—	6746.00	—	7573.00	—
		防腐内胶带	m^2	3989.00	—	4559.20	—	5191.31	—
		防腐外胶带	m^2	2941.24	—	3361.87	—	3828.63	—
		煤焦油沥青漆	kg	1058.77	—	1210.17	—	1378.16	—
		镁阳极 MUG-3	kg	440.00	—	506.00	—	572.00	—
		玻璃钢测试桩	个	2.00	—	2.00	—	2.00	—
		长效参比电极	支	2.00	—	2.00	—	2.00	—
		绝缘接头 JY25	个	0.50	—	0.50	—	0.50	—
		警示带（$20^{\#}$通用型）	m	2160.00	—	2160.00	—	2160.00	—
		型钢（综合）	kg	210.00	—	210.00	—	210.00	—
		其他材料费	元	107793	—	118685	—	135050	—
		措施费分摊	元	80863	—	96190	—	109387	—
		材料费小计	元	1135343	57.00	1387533	58.56	1585435	58.84
	机械费	缠绕机	台班	53.51	—	61.16	—	69.65	—
		直流电焊机 20kW	台班	195.30	—	204.31	—	218.24	—
		超声波探伤机 CTS-26	台班	24.93	—	30.51	—	36.82	—
		X 光探伤机 TX-2505	台班	23.63	—	24.81	—	30.02	—
		空压机 $6m^3/min$	台班	4.24	—	4.54	—	4.74	—
		载重汽车 4t	台班	1.29	—	1.45	—	1.61	—
		载重汽车 5t	台班	5.87	—	8.17	—	9.55	—
		汽车起重机 5t	台班	70.94	—	80.95	—	69.55	—
		汽车起重机 8t	台班	—	—	—	—	25.15	—
		自卸汽车 4.5t	台班	17.61	—	22.39	—	27.89	—
		其他机械费	元	11248	—	11527	—	11852	—
		措施费分摊	元	4647	—	5528	—	6287	—
		机械费小计	元	77476	3.89	87295	3.69	102203	3.79
	直接费小计		元	1642046	—	1953281	—	2221266	—
综合费用			元	349756	17.56	416049	17.56	473130	17.56
合计			元	1991802	—	2369330	—	2694396	—

工程内容： 管沟开挖，回填土方，余土外运，沟内警示带敷设，施工护栏设置，管道防腐、补口，管道及附件，阴极保护、绝缘接头、测试桩安装，管道探伤、试压、吹扫等。

单位：km

指标编号				7F-162		7F-163	
项目			单位	管径（mm）			
				900	占指标基价（%）	1000	占指标基价（%）
指标基价			元	3068558	100.00	3504879	100.00
一、建筑安装工程费			元	3068558	100.00	3504879	100.00
二、设备购置费			元	—	—	—	—
建筑安装工程费							
直接费	人工费	人工	工日	18581	—	20436	—
		措施费分摊	元	11455	—	13084	—
		人工费小计	元	588023	19.16	647213	18.47
	材料费	无缝钢管（综合价）	m	1003.00	—	1003.00	—
		无缝钢管管件（综合价）	kg	8734.00	—	10804.00	—
		防腐内胶带	m^2	4295.39	—	4761.94	—
		防腐外胶带	m^2	5823.42	—	6457.57	—
		煤焦油沥青漆	kg	1546.15	—	1714.14	—
		镁阳极 MUG-3	kg	638.00	—	726.00	—
		玻璃钢测试桩	个	2.00	—	2.00	—
		长效参比电极	支	2.00	—	2.00	—
		绝缘接头 JY25	个	0.50	—	0.50	—
		警示带(20#通用型）	m	2160.00	—	2160.00	—
		型钢（综合）	kg	210.00	—	210.00	—
		其他材料费	元	148307	—	166273	—
		措施费分摊	元	124577	—	142291	—
		材料费小计	元	1828241	59.58	2109133	60.17
	机械费	缠绕机	台班	78.14	—	86.63	—
		直流电焊机 20kW	台班	233.80	—	272.60	—
		超声波探伤机 CTS-26	台班	42.61	—	49.71	—
		X 光探伤机 TX-2505	台班	31.78	—	34.69	—
		空压机 $6m^3/min$	台班	5.04	—	5.34	—
		载重汽车 4t	台班	1.77	—	1.94	—
		载重汽车 5t	台班	9.60	—	10.92	—
		汽车起重机 5t	台班	78.03	—	86.51	—
		汽车起重机 8t	台班	28.54	—	—	—
		汽车起重机 12t	台班	—	—	32.42	—
		自卸汽车 4.5t	台班	34.01	—	40.86	—
		其他机械费	元	12177	—	124906	—
		措施费分摊	元	7160	—	8178	—
		机械费小计	元	113462	3.70	133084	3.80
	直接费小计		元	2529726	—	2889430	—
综合费用			元	538832	17.56	615449	17.56
合　计			元	3068558	—	3504879	—

2.1.2.4 钢管埋设深度1m以内(带支挡土板)

工程内容：管沟开挖，回填土方，余土外运，钢支挡土板搭拆，沟内警示带敷设，施工护栏设置，管道防腐、补口，管道及附件、阴极保护、绝缘接头、测试桩安装，管道探伤、试压、吹扫等。

单位：km

指标编号				7F-164		7F-165		7F-166	
项目			单位	管径（mm）					
				400	占指标基价（%）	500	占指标基价（%）	600	占指标基价（%）
指标基价			元	1120272	100.00	1509572	100.00	1869110	100.00
一、建筑安装工程费			元	1120272	100.00	1509572	100.00	1869110	100.00
二、设备购置费			元	—	—	—	—	—	—
建筑安装工程费									
直接费	人工费	人工	工日	7204	—	8759	—	10145	—
		措施费分摊	元	4182	—	5635	—	6978	—
		人工费小计	元	227722	20.33	277427	18.38	321777	17.22
	材料费	无缝钢管（综合价）	m	1005.00	—	1003.00	—	1003.00	—
		无缝钢管管件（综合价）	kg	3617.00	—	5367.00	—	6119.00	—
		防腐内胶带	m^2	2695.39	—	3350.10	—	3989.00	—
		防腐外胶带	m^2	1988.74	—	2470.10	—	2941.24	—
		煤焦油沥青漆	kg	715.83	—	889.17	—	1058.77	—
		镁阳极 MUG-3	kg	288.00	—	352.00	—	440.00	—
		玻璃钢测试桩	个	2.00	—	2.00	—	2.00	—
		长效参比电极	支	2.00	—	2.00	—	2.00	—
		绝缘接头 JY25	个	0.50	—	0.50	—	0.50	—
		警示带(20#通用型）	m	1080.00	—	2160.00	—	2160.00	—
		型钢（综合）	kg	210.00	—	210.00	—	210.00	—
		板方材	m^3	1.81	—	1.93	—	2.05	—
		钢挡土板	t	2.77	—	2.96	—	3.15	—
		其他材料费	元	90497	—	102943	—	119363	—
		措施费分摊	元	45481	—	61286	—	75882	—
		材料费小计	元	640874	57.20	900988	59.68	1141932	61.09
	机械费	缠绕机	台班	36.18	—	44.93	—	53.51	—
		直流电焊机 20kW	台班	159.95	—	190.31	—	195.30	—
		超声波探伤机 CTS-26	台班	17.67	—	17.67	—	24.93	—
		X光探伤机 TX-2505	台班	17.89	—	20.80	—	23.63	—
		空压机 $6m^3/min$	台班	3.64	—	3.94	—	4.24	—
		载重汽车 4t	台班	0.81	—	0.97	—	1.29	—
		载重汽车 5t	台班	4.63	—	5.84	—	5.87	—
		汽车起重机 5t	台班	44.34	—	56.55	—	70.94	—
		自卸汽车 4.5t	台班	9.58	—	13.04	—	18.00	—
		其他机械费	元	12409	—	12765	—	14013	—
		措施费分摊	元	2614	—	3522	—	4361	—
		机械费小计	元	54959	4.91	66080	4.38	77190	4.13
	直接费小计		元	923555	—	1244495	—	1540899	—
综合费用			元	196717	17.56	265077	17.56	328211	17.56
合计			元	1120272	—	1509572	—	1869110	—

工程内容：管沟开挖，回填土方，余土外运，钢支挡土板搭拆，沟内警示带敷设，施工护栏设置，管道防腐、补口，管道及附件、阴极保护、绝缘接头、测试桩安装，管道探伤、试压、吹扫等。

单位：km

指标编号				7F-167		7F-168	
项目			单位	700	占指标基价（%）	800	占指标基价（%）
指标基价			元	2235473	100.00	2546939	100.00
一、建筑安装工程费			元	2235473	100.00	2546939	100.00
二、设备购置费			元	—	—	—	—
建筑安装工程费							
直接费	人工费	人工	工日	11385	—	12810	—
		措施费分摊	元	8345	—	9508	—
		人工费小计	元	361622	16.18	407002	15.98
	材料费	无缝钢管（综合价）	m	1003.00	—	1003.00	—
		无缝钢管管件（综合价）	kg	6746.00	—	7573.00	—
		防腐内胶带	m^2	4559.20	—	5191.31	—
		防腐外胶带	m^2	3361.87	—	3828.63	—
		煤焦油沥青漆	kg	1210.17	—	1378.16	—
		镁阳极 MUG-3	kg	506.00	—	572.00	—
		玻璃钢测试桩	个	2.00	—	2.00	—
		长效参比电极	支	2.00	—	2.00	—
		绝缘接头 JY25	个	0.50	—	0.50	—
		警示带(20#通用型）	m	2160.00	—	2160.00	—
		型钢（综合）	kg	210.00	—	210.00	—
		板方材	m^3	2.17	—	2.30	—
		钢挡土板	t	3.33	—	3.52	—
		其他材料费	元	130910	—	147958	—
		措施费分摊	元	90756	—	103400	—
		材料费小计	元	1394324	62.37	1590841	62.46
	机械费	缠绕机	台班	61.16	—	69.65	—
		直流电焊机 20kW	台班	204.31	—	218.24	—
		超声波探伤机 CTS-26	台班	30.51	—	36.82	—
		X光探伤机 TX-2505	台班	24.81	—	30.02	—
		空压机 $6m^3/min$	台班	4.54	—	4.74	—
		载重汽车 4t	台班	1.45	—	1.61	—
		载重汽车 5t	台班	8.17	—	9.55	—
		汽车起重机 5t	台班	80.95	—	69.55	—
		汽车起重机 8t	台班	—	—	25.15	—
		自卸汽车 4.5t	台班	22.39	—	27.89	—
		其他机械费	元	14911	—	15936	—
		措施费分摊	元	5216	—	5943	—
		机械费小计	元	86983	3.89	101859	4.00
	直接费小计		元	1842929	—	2099702	—
综合费用			元	392544	17.56	447237	17.56
合计			元	2235473	—	2546939	—

工程内容：管沟开挖，回填土方，余土外运，钢支挡土板搭拆，沟内警示带敷设，施工护栏设置，管道防腐、补口，管道及附件、阴极保护、绝缘接头、测试桩安装，管道探伤、试压、吹扫等。

单位：km

指标编号				7F-169		7F-170	
项目			单位	管径（mm）			
				900	占指标基价（%）	1000	占指标基价（%）
指标基价			元	2927549	100.00	3353093	100.00
一、建筑安装工程费			元	2927549	100.00	3353093	100.00
二、设备购置费			元	—	—	—	—
建筑安装工程费							
直接费	人工费	人工	工日	14609	—	16172	—
		措施费分摊	元	10929	—	12518	—
		人工费小计	元	464246	15.86	514335	15.34
	材料费	无缝钢管（综合价）	m	1003.00	—	1003.00	—
		无缝钢管管件（综合价）	kg	8734.00	—	10804.00	—
		防腐内胶带	m^2	4295.39	—	4761.94	—
		防腐外胶带	m^2	5823.42	—	6457.57	—
		煤焦油沥青漆	kg	1546.15	—	1714.14	—
		镁阳极 MUG-3	kg	638.00	—	726.00	—
		玻璃钢测试桩	个	2.00	—	2.00	—
		长效参比电极	支	2.00	—	2.00	—
		绝缘接头 JY25	个	0.50	—	0.50	—
		警示带(20#通用型）	m	2160.00	—	2160.00	—
		型钢（综合）	kg	210.00	—	210.00	—
		板方材	m^3	2.42	—	2.54	—
		钢挡土板	t	3.71	—	3.89	—
		其他材料费	元	161890	—	180536	—
		措施费分摊	元	118852	—	136129	—
		材料费小计	元	1836099	62.72	2117234	63.14
	机械费	缠绕机	台班	78.14	—	86.63	—
		直流电焊机 20kW	台班	233.80	—	272.60	—
		超声波探伤机 CTS-26	台班	42.61	—	49.71	—
		X 光探伤机 TX-2505	台班	31.78	—	34.69	—
		空压机 $6m^3/min$	台班	5.04	—	5.34	—
		载重汽车 4t	台班	1.77	—	1.94	—
		载重汽车 5t	台班	9.60	—	10.92	—
		汽车起重机 5t	台班	78.03	—	86.51	—
		汽车起重机 8t	台班	28.54	—	—	—
		汽车起重机 12t	台班	—	—	32.42	—
		自卸汽车 4.5t	台班	34.01	—	40.86	—
		其他机械费	元	12177	—	124906	—
		措施费分摊	元	6831	—	7823	—
		机械费小计	元	113133	3.86	132729	3.96
	直接费小计		元	2413478	—	2764298	—
综合费用			元	514071	17.56	588795	17.56
合计			元	2927549	—	3353093	—

2.1.2.5 钢管埋设深度1.5m以内(带支挡土板)

工程内容： 管沟开挖，回填土方，余土外运，钢支挡土板搭拆，沟内警示带敷设，施工护栏设置，管道防腐、补口，管道及附件、阴极保护、绝缘接头、测试桩安装，管道探伤、试压、吹扫等。

单位：km

指标编号				7F-171		7F-172		7F-173	
项目			单位	管径（mm）					
				100	占指标基价（%）	150	占指标基价（%）	200	占指标基价（%）
指标基价			元	384248	100.00	504125	100.00	701317	100.00
一、建筑安装工程费			元	384248	100.00	504125	100.00	701317	100.00
二、设备购置费			元	—	—	—	—	—	—
建筑安装工程费									
直接费	人工费	人工	工日	3689	—	4398	—	5142	—
		措施费分摊	元	1434	—	1882	—	2618	—
		人工费小计	元	115904	30.16	138352	27.44	162174	23.12
	材料费	无缝钢管（综合价）	m	1012.00	—	1010.00	—	1009.00	—
		无缝钢管管件(综合价)	kg	141.00	—	376.00	—	902.00	—
		防腐内胶带	m^2	684.75	—	1007.58	—	1385.54	—
		防腐外胶带	m^2	505.38	—	743.14	—	1022.66	—
		煤焦油沥青漆	kg	181.90	—	267.50	—	368.08	—
		镁阳极 MUG-3	kg	72.00	—	120.00	—	152.00	—
		玻璃钢测试桩	个	2.00	—	2.00	—	2.00	—
		长效参比电极	支	2.00	—	2.00	—	2.00	—
		绝缘接头 JY25	个	0.50	—	0.50	—	0.50	—
		警示带(20#通用型)	m	1080.00	—	1080.00	—	1080.00	—
		型钢（综合）	kg	210.00	—	210.00	—	210.00	—
		板方材	m^3	2.04	—	2.12	—	2.18	—
		钢挡土板	t	3.13	—	3.25	—	3.35	—
		其他材料费	元	52426	—	58028	—	65377	—
		措施费分摊	元	15600	—	20466	—	28472	—
		材料费小计	元	180061	46.86	251892	49.97	385776	55.01
	机械费	缠绕机	台班	9.20	—	13.53	—	18.61	—
		直流电焊机 20kW	台班	39.46	—	63.61	—	71.64	—
		超声波探伤机 CTS-26	台班	4.90	—	4.90	—	9.40	—
		X光探伤机 TX-2505	台班	7.70	—	7.70	—	11.41	—
		空压机 $6m^3$/min	台班	2.84	—	3.14	—	3.14	—
		载重汽车 4t	台班	0.47	—	0.48	—	0.63	—
		汽车起重机 5t	台班	9.18	—	13.50	—	18.58	—
		自卸汽车 4.5t	台班	3.26	—	4.12	—	4.98	—
		其他机械费	元	9551	—	9999	—	10119	—
		措施费分摊	元	897	—	1176	—	1636	—
		机械费小计	元	20810	5.42	25358	5.03	30218	4.31
	直接费小计		元	316775	—	415602	—	578167	—
综合费用			元	67473	17.56	88523	17.56	123150	17.56
合计			元	384248	—	504125	—	701317	—

工程内容：管沟开挖，回填土方，余土外运，钢支挡土板搭拆，沟内警示带敷设，施工护栏设置，管道防腐、补口，管道及附件、阴极保护、绝缘接头、测试桩安装，管道探伤、试压、吹扫等。

单位：km

指标编号				7F-174		7F-175		7F-176	
项目			单位	管径（mm）					
				300	占指标基价（%）	400	占指标基价（%）	500	占指标基价（%）
指标基价			元	876251	100.00	1166247	100.00	1558864	100.00
一、建筑安装工程费			元	876251	100.00	1166247	100.00	1558864	100.00
二、设备购置费			元	—	—	—	—	—	—
建筑安装工程费									
直接费	人工费	人工	工日	6543	—	8243	—	9881	—
		措施费分摊	元	3271	—	4354	—	5819	—
		人工费小计	元	206300	23.54	260134	22.31	312426	20.04
	材料费	无缝钢管（综合价）	m	1007.00	—	1005.00	—	1003.00	—
		无缝钢管管件（综合价）	kg	2074.00	—	3617.00	—	5367.00	—
		防腐内胶带	m^2	2056.50	—	2695.39	—	3350.10	—
		防腐外胶带	m^2	1517.60	—	1988.74	—	2470.10	—
		煤焦油沥青漆	kg	546.24	—	715.83	—	889.17	—
		镁阳极 MUG-3	kg	240.00	—	288.00	—	352.00	—
		玻璃钢测试桩	个	2.00	—	2.00	—	2.00	—
		长效参比电极	支	2.00	—	2.00	—	2.00	—
		绝缘接头 JY25	个	0.50	—	0.50	—	0.50	—
		警示带(20#通用型）	m	1080.00	—	1080.00	—	2160.00	—
		型钢（综合）	kg	210.00	—	210.00	—	210.00	—
		板方材	m^3	2.31	—	2.41	—	2.53	—
		钢挡土板	t	3.54	—	3.69	—	3.88	—
		其他材料费	元	78773	—	94014	—	106464	—
		措施费分摊	元	35574	—	47347	—	63287	—
		材料费小计	元	472212	53.89	646257	55.41	906510	58.15
	机械费	缠绕机	台班	27.61	—	36.18	—	44.93	—
		直流电焊机 20kW	台班	110.60	—	159.95	—	190.31	—
		超声波探伤机 CTS-26	台班	13.68	—	17.67	—	17.67	—
		X 光探伤机 TX-2505	台班	14.29	—	17.89	—	20.80	—
		空压机 $6m^3$/min	台班	3.34	—	3.64	—	3.94	—
		载重汽车 4t	台班	0.65	—	0.81	—	0.97	—
		载重汽车 5t	台班	3.52	—	4.63	—	5.84	—
		汽车起重机 5t	台班	34.53	—	44.34	—	56.55	—
		自卸汽车 4.5t	台班	7.27	—	9.58	—	13.04	—
		其他机械费	元	10183	—	10449	—	10805	—
		措施费分摊	元	2044	—	2721	—	3637	—
		机械费小计	元	43871	5.01	55066	4.72	66195	4.25
	直接费小计		元	722383	—	961457	—	1285131	—
综合费用			元	153868	17.56	204790	17.56	273733	17.56
合计			元	876251	—	1166247	—	1558864	—

工程内容：管沟开挖，回填土方，余土外运，钢支挡土板搭拆，沟内警示带敷设，施工护栏设置，管道防腐、补口，管道及附件、阴极保护、绝缘接头、测试桩安装，管道探伤、试压、吹扫等。

单位：km

指标编号				7F-177		7F-178		7F-179	
项目			单位	管径（mm）					
				600	占指标基价（%）	700	占指标基价（%）	800	占指标基价（%）
指标基价			元	1925251	100.00	2295516	100.00	2612967	100.00
一、建筑安装工程费			元	1925251	100.00	2295516	100.00	2612967	100.00
二、设备购置费			元	—	—	—	—	—	—
建筑安装工程费									
直接费	人工数	人工	工日	11439	—	12776	—	14302	—
		措施费分摊	元	7187	—	8569	—	9755	—
		人工费小计	元	362139	18.81	405008	17.64	453546	17.36
	材料费	无缝钢管（综合价）	m	1003.00	—	1003.00	—	1003.00	—
		无缝钢管管件（综合价）	kg	6119.00	—	6746.00	—	7573.00	—
		防腐内胶带	m^2	3989.00	—	4559.20	—	5191.31	—
		防腐外胶带	m^2	2941.24	—	3361.87	—	3828.63	—
		煤焦油沥青漆	kg	1058.77	—	1210.17	—	1378.16	—
		镁阳极 MUG-3	kg	440.00	—	506.00	—	572.00	—
		玻璃钢测试桩	个	2.00	—	2.00	—	2.00	—
		长效参比电极	支	2.00	—	2.00	—	2.00	—
		绝缘接头 JY25	个	0.50	—	0.50	—	0.50	—
		警示带（20#通用型）	m	2160.00	—	2160.00	—	2160.00	—
		型钢（综合）	kg	210.00	—	210.00	—	210.00	—
		板方材	m^3	2.65	—	2.77	—	2.90	—
		钢挡土板	t	4.07	—	4.25	—	4.44	—
		其他材料费	元	122873	—	134447	—	151498	—
		措施费分摊	元	78161	—	93193	—	106081	—
		材料费小计	元	1147721	59.61	1400298	61.00	1598577	61.18
	机械费	缠绕机	台班	53.51	—	61.16	—	69.65	—
		直流电焊机 20kW	台班	195.30	—	204.31	—	218.24	—
		超声波探伤机 CTS-26	台班	24.93	—	30.51	—	36.82	—
		X 光探伤机 TX-2505	台班	23.63	—	24.81	—	30.02	—
		空压机 $6m^3/min$	台班	4.24	—	4.54	—	4.74	—
		载重汽车 4t	台班	1.29	—	1.45	—	1.61	—
		载重汽车 5t	台班	5.87	—	8.17	—	9.55	—
		汽车起重机 5t	台班	70.94	—	80.95	—	69.55	—
		汽车起重机 8t	台班	—	—		—	25.15	—
		自卸汽车 4.5t	台班	17.61	—	22.39	—	27.89	—
		其他机械费	元	11248	—	11527	—	11852	—
		措施费分摊	元	4492	—	5356	—	6097	—
		机械费小计	元	77321	4.02	87123	3.80	102013	3.90
	直接费小计		元	1587181	—	1892429	—	2154136	—
综合费用			元	338070	17.56	403087	17.56	458831	17.56
合计			元	1925251	—	2295516	—	2612967	—

工程内容：管沟开挖，回填土方，余土外运，钢支挡土板搭拆，沟内警示带敷设，施工护栏设置，管道防腐、补口，管道及附件、阴极保护、绝缘接头、测试桩安装，管道探伤、试压、吹扫等。

单位：km

指标编号				7F-180		7F-181	
项目			单位	管径（mm）			
				900	占指标基价（%）	1000	占指标基价（%）
指标基价			元	2979266	100.00	3406292	100.00
一、建筑安装工程费			元	2979266	100.00	3406292	100.00
二、设备购置费			元	—	—	—	—
建筑安装工程费							
直接费	人工费	人工	工日	15791	—	17391	—
		措施费分摊	元	11122	—	12716	—
		人工费小计	元	501117	16.82	552359	16.22
	材料费	无缝钢管（综合价）	m	1003.00	—	1003.00	—
		无缝钢管管件（综合价）	kg	8734.00	—	10804.00	—
		防腐内胶带	m^2	4295.39	—	4761.94	—
		防腐外胶带	m^2	5823.42	—	6457.57	—
		煤焦油沥青漆	kg	1546.15	—	1714.14	—
		镁阳极 MUG-3	kg	638.00	—	726.00	—
		玻璃钢测试桩	个	2.00	—	2.00	—
		长效参比电极	支	2.00	—	2.00	—
		绝缘接头 JY25	个	0.50	—	0.50	—
		警示带（$20^{\#}$通用型）	m	2160.00	—	2160.00	—
		型钢（综合）	kg	210.00	—	210.00	—
		板方材	m^3	3.02	—	3.14	—
		钢挡土板	t	4.63	—	4.81	—
		其他材料费	元	165435	—	184085	—
		措施费分摊	元	120952	—	138288	—
		材料费小计	元	1841744	61.82	2122942	62.32
	机械费	缠绕机	台班	78.14	—	86.63	—
		直流电焊机 20kW	台班	233.80	—	272.60	—
		超声波探伤机 CTS-26	台班	42.61	—	49.71	—
		X 光探伤机 TX-2505	台班	31.78	—	34.69	—
		空压机 $6m^3/min$	台班	5.04	—	5.34	—
		载重汽车 4t	台班	1.77	—	1.94	—
		载重汽车 5t	台班	9.60	—	10.92	—
		汽车起重机 5t	台班	78.03	—	86.51	—
		汽车起重机 8t	台班	28.54	—	—	—
		汽车起重机 12t	台班	—	—	32.42	—
		自卸汽车 4.5t	台班	34.01	—	40.86	—
		其他机械费	元	12177	—	124906	—
		措施费分摊	元	6951	—	7948	—
		机械费小计	元	113253	3.80	132854	3.90
	直接费小计		元	2456114	—	2808155	—
综合费用			元	523152	17.56	598137	17.56
合计			元	2979266	—	3406292	—

2.1.2.6 钢管埋设深度 2m 以内(带支挡土板)

工程内容：管沟开挖，回填土方，余土外运，钢支挡土板搭拆，沟内警示带敷设，施工护栏设置，管道防腐、补口，管道及附件、阴极保护、绝缘接头、测试桩安装，管道探伤、试压、吹扫等。

单位：km

指标编号				7F-182		7F-183		7F-184	
项目			单位	管径（mm）					
				100	占指标基价（%）	150	占指标基价（%）	200	占指标基价（%）
指标基价			元	428965	100.00	549061	100.00	748004	100.00
一、建筑安装工程费			元	428965	100.00	549061	100.00	748004	100.00
二、设备购置费			元	—	—	—	—	—	—
建筑安装工程费									
直接费	人工费	人工	工日	4554	—	5298	—	6086	—
		措施费分摊	元	1601	—	2050	—	2792	—
		人工费小计	元	142912	33.32	166447	30.31	191641	25.62
	材料费	无缝钢管（综合价）	m	1012.00	—	1010.00	—	1009.00	—
		无缝钢管管件（综合价）	kg	141.00	—	376.00	—	902.00	—
		防腐内胶带	m^2	684.75	—	1007.58	—	1385.54	—
		防腐外胶带	m^2	505.38	—	743.14	—	1022.66	—
		煤焦油沥青漆	kg	181.90	—	267.50	—	368.08	—
		镁阳极 MUG-3	kg	72.00	—	120.00	—	152.00	—
		玻璃钢测试桩	个	2.00	—	2.00	—	2.00	—
		长效参比电极	支	2.00	—	2.00	—	2.00	—
		绝缘接头 JY25	个	0.50	—	0.50	—	0.50	—
		警示带（20#通用型）	m	1080.00	—	1080.00	—	1080.00	—
		型钢（综合）	kg	210.00	—	210.00	—	210.00	—
		板方材	m^3	2.72	—	2.72	—	2.78	—
		钢挡土板	t	4.17	—	4.17	—	4.27	—
		其他材料费	元	56393	—	61537	—	68885	—
		措施费分摊	元	17415	—	22291	—	30367	—
		材料费小计	元	189814	44.24	260737	47.49	394688	52.77
	机械费	缠绕机	台班	9.20	—	13.53	—	18.61	—
		直流电焊机 20kW	台班	39.46	—	63.61	—	71.64	—
		超声波探伤机 CTS-26	台班	4.90	—	4.90	—	9.40	—
		X 光探伤机 TX-2505	台班	7.70	—	7.70	—	11.41	—
		空压机 $6m^3/min$	台班	2.84	—	3.14	—	3.14	—
		载重汽车 4t	台班	0.47	—	0.48	—	0.63	—
		汽车起重机 5t	台班	9.18	—	13.50	—	18.58	—
		自卸汽车 4.5t	台班	3.26	—	4.12	—	4.98	—
		其他机械费	元	9551	—	9999	—	10119	—
		措施费分摊	元	1001	—	1281	—	1745	—
		机械费小计	元	20914	4.88	25463	4.64	30327	4.05
	直接费小计		元	353640	—	452647	—	616656	—
综合费用			元	75325	17.56	96414	17.56	131348	17.56
合计			元	428965	—	549061	—	748004	—

工程内容：管沟开挖，回填土方，余土外运，钢支挡土板搭拆，沟内警示带敷设，施工护栏设置，管道防腐、补口，管道及附件、阴极保护、绝缘接头、测试桩安装，管道探伤、试压、吹扫等。

单位：km

指标编号				7F-185		7F-186		7F-187	
项目			单位	管径（mm）					
				300	占指标基价（%）	400	占指标基价（%）	500	占指标基价（%）
指标基价			元	922104	100.00	1204205	100.00	1599183	100.00
一、建筑安装工程费			元	922104	100.00	1204205	100.00	1599183	100.00
二、设备购置费			元	—	—	—	—	—	—
建筑安装工程费									
直接费	人工费	人工	工日	7579	—	9081	—	10778	—
		措施费分摊	元	3442	—	4495	—	5970	—
		人工费小计	元	238618	25.88	286278	23.77	340411	21.29
	材料费	无缝钢管（综合价）	m	1007.00	—	1005.00	—	1003.00	—
		无缝钢管管件（综合价）	kg	2074.00	—	3617.00	—	5367.00	—
		防腐内胶带	m^2	2056.50	—	2695.39	—	3350.10	—
		防腐外胶带	m^2	1517.60	—	1988.74	—	2470.10	—
		煤焦油沥青漆	kg	546.24	—	715.83	—	889.17	—
		镁阳极 MUG-3	kg	240.00	—	288.00	—	352.00	—
		玻璃钢测试桩	个	2.00	—	2.00	—	2.00	—
		长效参比电极	支	2.00	—	2.00	—	2.00	—
		绝缘接头 JY25	个	0.50	—	0.50	—	0.50	—
		警示带（20#通用型）	m	1080.00	—	1080.00	—	2160.00	—
		型钢（综合）	kg	210.00	—	210.00	—	210.00	—
		板方材	m^3	2.91	—	3.01	—	3.13	—
		钢挡土板	t	4.46	—	4.61	—	4.80	—
		其他材料费	元	82288	—	97532	—	109987	—
		措施费分摊	元	37436	—	48888	—	64924	—
		材料费小计	元	477589	51.79	651316	54.09	911670	57.01
	机械费	缠绕机	台班	27.61	—	36.18	—	44.93	—
		直流电焊机 20kW	台班	110.60	—	159.95	—	190.31	—
		超声波探伤机 CTS-26	台班	13.68	—	17.67	—	17.67	—
		X 光探伤机 TX-2505	台班	14.29	—	17.89	—	20.80	—
		空压机 $6m^3/min$	台班	3.34	—	3.64	—	3.94	—
		载重汽车 4t	台班	0.65	—	0.81	—	0.97	—
		载重汽车 5t	台班	3.52	—	4.63	—	5.84	—
		汽车起重机 5t	台班	34.53	—	44.34	—	56.55	—
		自卸汽车 4.5t	台班	7.27	—	9.58	—	13.04	—
		其他机械费	元	10183	—	10449	—	10805	—
		措施费分摊	元	2151	—	2810	—	3731	—
		机械费小计	元	43978	4.77	55155	4.58	66289	4.15
	直接费小计		元	760185	—	992749	—	1318370	—
综合费用			元	161919	17.56	211456	17.56	280813	17.56
合计			元	922104	—	1204205	—	1599183	—

工程内容：管沟开挖，回填土方，余土外运，钢支挡土板搭拆，沟内警示带敷设，施工护栏设置，管道防腐、补口，管道及附件、阴极保护、绝缘接头、测试桩安装，管道探伤、试压、吹扫等。

单位：km

指标编号			单位	7F-188		7F-189		7F-190	
项目				管径（mm）					
				600	占指标基价（%）	700	占指标基价（%）	800	占指标基价（%）
指标基价			元	1970050	100.00	2342675	100.00	2662523	100.00
一、建筑安装工程费			元	1970050	100.00	2342675	100.00	2662523	100.00
二、设备购置费			元	—	—	—	—	—	—
建筑安装工程费									
直接费	人工费	人工	工	12448	—	13844	—	15430	—
		措施费分摊	元	7354	—	8746	—	9940	—
		人工费小计	元	393615	19.98	438325	18.71	488733	18.36
	材料费	无缝钢管（综合价）	m	1003.00	—	1003.00	—	1003.00	—
		无缝钢管管件（综合价）	kg	6119.00	—	6746.00	—	7573.00	—
		防腐内胶带	m^2	3989.00	—	4559.20	—	5191.31	—
		防腐外胶带	m^2	2941.24	—	3361.87	—	3828.63	—
		煤焦油沥青漆	kg	1058.77	—	1210.17	—	1378.16	—
		镁阳极 MUG-3	kg	440.00	—	506.00	—	572.00	—
		玻璃钢测试桩	个	2.00	—	2.00	—	2.00	—
		长效参比电极	支	2.00	—	2.00	—	2.00	—
		绝缘接头 JY25	个	0.50	—	0.50	—	0.50	—
		警示带（$20^{\#}$通用型）	m	2160.00	—	2160.00	—	2160.00	—
		型钢（综合）	kg	210.00	—	210.00	—	210.00	—
		板方材	m^3	3.25	—	3.37	—	3.50	—
		钢挡土板	t	4.99	—	5.17	—	5.36	—
		其他材料费	元	126406	—	137983	—	155038	—
		措施费分摊	元	79980	—	95108	—	108093	—
		材料费小计	元	1153073	58.53	1405749	60.01	1604129	60.25
	机械费	缠绕机	台	53.51	—	61.16	—	69.65	—
		直流电焊机 20kW	台	195.30	—	204.31	—	218.24	—
		超声波探伤机 CTS-26	台	24.93	—	30.51	—	36.82	—
		X 光探伤机 TX-2505	台	23.63	—	24.81	—	30.02	—
		空压机 $6m^3/min$	台	4.24	—	4.54	—	4.74	—
		载重汽车 4t	台	1.29	—	1.45	—	1.61	—
		载重汽车 5t	台	5.87	—	8.17	—	9.55	—
		汽车起重机 5t	台	70.94	—	80.95	—	69.55	—
		汽车起重机 8t	台	—	—	—	—	25.15	—
		自卸汽车 4.5t	台	17.61	—	22.39	—	27.89	—
		其他机械费	元	11248	—	11527	—	11852	—
		措施费分摊	元	4597	—	5466	—	6212	—
		机械费小计	元	77426	3.93	87233	3.72	102128	3.84
	直接费小计		元	1624114	—	1931307	—	2194990	—
综合费用			元	345936	17.56	411368	17.56	467533	17.56
合计			元	1970050	—	2342675	—	2662523	—

工程内容：管沟开挖，回填土方，余土外运，钢支挡土板搭拆，沟内警示带敷设，施工护栏设置，管道防腐、补口，管道及附件、阴极保护、绝缘接头、测试桩安装，管道探伤、试压、吹扫等。

单位：km

指标编号				7F-191		7F-192	
项目			单位	管径（mm）			
				900	占指标基价（%）	1000	占指标基价（%）
指标基价			元	3031221	100.00	3461729	100.00
一、建筑安装工程费			元	3031221	100.00	3461729	100.00
二、设备购置费			元	—	—	—	—
建筑安装工程费							
直接费	人工费	人工	工日	16979	—	18666	—
		措施费分摊	元	11316	—	12923	—
		人工费小计	元	538174	17.75	592129	17.11
	材料费	无缝钢管（综合价）	m	1003.00	—	1003.00	—
		无缝钢管管件（综合价）	kg	8734.00	—	10804.00	—
		防腐内胶带	m^2	4295.39	—	4761.94	—
		防腐外胶带	m^2	5823.42	—	6457.57	—
		煤焦油沥青漆	kg	1546.15	—	1714.14	—
		镁阳极 MUG-3	kg	638.00	—	726.00	—
		玻璃钢测试桩	个	2.00	—	2.00	—
		长效参比电极	支	2.00	—	2.00	—
		绝缘接头 JY25	个	0.50	—	0.50	—
		警示带（20#通用型）	m	2160.00	—	2160.00	—
		型钢（综合）	kg	210.00	—	210.00	—
		板方材	m^3	3.62	—	3.74	—
		钢挡土板	t	5.55	—	5.73	—
		其他材料费	元	168980	—	187637	—
		措施费分摊	元	123061	—	140539	—
		材料费小计	元	1847398	60.95	2128745	61.49
	机械费	缠绕机	台班	78.14	—	86.63	—
		直流电焊机 20kW	台班	233.80	—	272.60	—
		超声波探伤机 CTS-26	台班	42.61	—	49.71	—
		X 光探伤机 TX-2505	台班	31.78	—	34.69	—
		空压机 $6m^3/min$	台班	5.04	—	5.34	—
		载重汽车 4t	台班	1.77	—	1.94	—
		载重汽车 5t	台班	9.60	—	10.92	—
		汽车起重机 5t	台班	78.03	—	86.51	—
		汽车起重机 8t	台班	28.54	—	—	—
		汽车起重机 12t	台班	—	—	32.42	—
		自卸汽车 4.5t	台班	34.01	—	40.86	—
		其他机械费	元	12177	—	124906	—
		措施费分摊	元	7072	—	8077	—
		机械费小计	元	113374	3.74	132983	3.84
	直接费小计		元	2498946	—	2853857	—
综合费用			元	532275	17.56	607872	17.56
合计			元	3031221	—	3461729	—

2.2 燃气输配管网阀门井工程

2.2.1 钢制单阀井工程

工程内容：阀井土方开挖、回填、余土外运、砌筑，阀门、补偿器、压力表安装、试压。

单位：座

指标编号				7F-193		7F-194	
				钢制阀门 公称直径（mm）			
项目			单位	100	占指标基价（%）	200	占指标基价（%）
指标基价			元	6070	100.00	12723	100.00
一、建筑安装工程费			元	6070	100.00	12723	100.00
二、设备购置费			元	—	—	—	—
建筑安装工程费							
直接费	人工费	人工	工日	33	—	48	—
		措施费分摊	元	23	—	47	—
		人工费小计	元	1047	17.25	1536	12.07
	材料费	球阀 *DN*100	组	1.00	—	—	—
		球阀 *DN*200	组	—	—	1.00	—
		放空阀 *DN*25	组	1.00	—	—	—
		放空阀 *DN*32	组	—	—	1.00	—
		压力表	组	1.00	—	1.00	—
		标准砖	千块	1.12	—	1.85	—
		商品混凝土 C20	m^3	0.58	—	0.75	—
		钢筋 ϕ10 以内	t	0.04	—	0.05	—
		铸铁爬梯	t	0.02	—	0.03	—
		铸铁井座、井盖安装	套	1.00	—	1.00	—
		其他材料费	元	644	—	1158	—
		措施费分摊	元	246	—	517	—
		材料费小计	元	3761	61.96	8634	67.86
	机械费	直流电焊机 20kW	台班	0.75	—	1.00	—
		试压泵	台班	0.10	—	0.15	—
		自卸汽车 4.5t	台班	0.09	—	0.21	—
		其他机械费	元	95	—	141	—
		措施费分摊	元	14	—	30	—
		机械费小计	元	196	3.23	319	2.51
	直接费小计		元	5004	—	10489	—
综合费用			元	1066	17.56	2234	17.56
合　计			元	6070	—	12723	—

工程内容：阀井土方开挖、回填、余土外运、砌筑，阀门、补偿器、压力表安装、试压。

单位：座

指标编号				7F-195		7F-196	
项目			单位	钢制阀门 公称直径（mm）			
				300	占指标基价（%）	400	占指标基价（%）
指标基价			元	19269	100.00	27272	100.00
一、建筑安装工程费			元	19269	100.00	27272	100.00
二、设备购置费			元	—	—	—	—
建筑安装工程费							
直接费	人工费	人工	工日	67	—	82	—
		措施费分摊	元	72	—	102	—
		人工费小计	元	2151	11.16	2646	9.70
	材料费	球阀 *DN* 300	组	1.00	—	—	—
		球阀 *DN* 400	组	—	—	1.00	—
		放空阀 *DN* 32	组	1.00	—	1.00	—
		压力表	组	1.00	—	1.00	—
		标准砖	千块	2.43	—	2.85	—
		商品混凝土 C20	m^3	1.17	—	1.54	—
		钢筋 ϕ10 以内	t	0.09	—	0.19	—
		铸铁爬梯	t	0.04	—	0.04	—
		铸铁井座、井盖安装	套	1.00	—	1.00	—
		其他材料费	元	1815	—	2479	—
		措施费分摊	元	782	—	1107	—
		材料费小计	元	13123	68.11	19060	69.89
	机械费	直流电焊机 20kW	台班	1.69	—	1.82	—
		试压泵	台班	0.15	—	0.24	—
		载重汽车 5t	台班	0.01	—	0.02	—
		汽车起重机 5t	台班	0.11	—	0.15	—
		自卸汽车 4.5t	台班	0.55	—	0.72	—
		其他机械费	元	206	—	261	—
		措施费分摊	元	45	—	64	—
		机械费小计	元	611	3.17	777	2.85
	直接费小计		元	15885	—	22483	—
综合费用			元	3384	17.56	4789	17.56
合计			元	19269	—	27272	—

2.2.2 聚乙烯单阀井工程

工程内容：阀井土方开挖、回填、余土外运、砌筑，阀门、放散管、操作杆安装、试压。

单位：座

指标编号				7F-197		7F-198		7F-199	
项目			单位	聚乙烯直埋式阀门 直径（mm）					
				110	占指标基价（%）	160	占指标基价（%）	200	占指标基价（%）
指标基价			元	6161	100.00	9418	100.00	14694	100.00
一、建筑安装工程费			元	6161	100.00	9418	100.00	14694	100.00
二、设备购置费			元	—	—	—	—	—	—
建筑安装工程费									
直接费	人工费	人工	工日	13	—	13	—	14	—
		措施费分摊	元	23	—	35	—	55	—
		人工费小计	元	426	6.91	438	4.65	489	3.33
	材料费	PE燃气80型球阀	组	1.00	—	—	—	—	—
		*D*110 双放散 杆长1800		—	—	—	—	—	—
		PE燃气80型球阀	组	—	—	1.00	—	—	—
		*D*160 双放散 杆长1800		—	—	—	—	—	—
		PE燃气80型球阀	组	—	—	—	—	1.00	—
		*D*200 双放散 杆长1800		—	—	—	—	—	—
		PE燃气管件套筒 *D*110	个	2.00	—	—	—	—	—
		PE燃气管件套筒 *D*160	个	—	—	2.00	—	—	—
		PE燃气管件套筒 *D*200	个	—	—	—	—	2.00	—
		标准砖	千块	0.23	—	0.23	—	0.23	—
		商品混凝土 C20	m^3	0.71	—	0.71	—	0.71	—
		铸铁井座、井盖安装	套	1.00	—	1.00	—	1.00	—
		其他材料费	元	190	—	193	—	193	—
		措施费分摊	元	250	—	382	—	597	—
		材料费小计	元	4556	73.95	7211	76.57	11488	78.18
	机械费	对接焊接机	台班	0.30	—	0.36	—	0.42	—
		自卸汽车 4.5t	台班	0.05	—	0.05	—	0.05	—
		其他机械费	元	25	—	26	—	27	—
		措施费分摊	元	14	—	22	—	34	—
		机械费小计	元	97	1.58	115	1.22	137	0.93
	直接费小计		元	5079	—	7764	—	12114	—
综合费用			元	1082	17.56	1654	17.56	2580	17.56
合计			元	6161	—	9418	—	14694	—

工程内容：阀井土方开挖、回填、余土外运、砌筑，阀门、放散管、操作杆安装、试压。

单位：座

指标编号			单位	7F-200		7F-201	
项目				聚乙烯直埋式阀门 直径（mm）			
				250	占指标基价（%）	300	占指标基价（%）
指标基价			元	20662	100.00	27104	100.00
一、建筑安装工程费			元	20662	100.00	27104	100.00
二、设备购置费			元	—	—	—	—
建筑安装工程费							
直接费	人工费	人工	工日	15	—	16	—
		措施费分摊	元	77	—	101	—
		人工费小计	元	542	2.62	597	2.20
	材料费	PE燃气80型球阀 *D*250 双放散 杆长1800	组	1.00	—	—	—
		PE燃气80型球阀 *D*300 双放散 杆长1800	组	—	—	1.00	—
		PE燃气管件套筒 *D*250	个	2.00	—	—	—
		PE燃气管件套筒 *D*300	个	—	—	2.00	—
		标准砖	千块	0.23	—	0.23	—
		商品混凝土 C20	m^3	0.71	—	0.71	—
		铸铁井座、井盖安装	套	1.00	—	1.00	—
		其他材料费	元	193	—	196	—
		措施费分摊	元	839	—	1100	—
		材料费小计	元	16324	79.01	21558	79.54
	机械费	对接焊接机	台班	0.51	—	0.55	—
		自卸汽车 4.5t	台班	0.05	—	0.05	—
		其他机械费	元	31	—	32	—
		措施费分摊	元	48	—	63	—
		机械费小计	元	168	0.81	190	0.70
	直接费小计		元	17034	—	22345	—
综合费用			元	3628	17.56	4759	17.56
合　计			元	20662	—	27104	—

2.3 燃气输配管网调压站工程

2.3.1 单台雷诺式调压站工程

工程内容：调压站建筑，调压装置、阀门及管道，附件等安装、吹扫、探伤、调试。

单位：座

指标编号				7F-202		7F-203		7F-204	
项目			单位	雷诺式调压站　公称直径（mm）					
				150	占指标基价（%）	200	占指标基价（%）	300	占指标基价（%）
指标基价			元	54870	100.00	72645	100.00	95378	100.00
一、建筑安装工程费			元	35598	64.88	41187	56.70	46867	49.14
二、设备购置费			元	19272	35.12	31458	43.30	48511	50.86
建筑安装工程费									
直接费	人工费	人工	工日	188	—	211	—	243	—
		措施费分摊	元	133	—	154	—	175	—
		人工费小计	元	5967	10.88	6701	9.22	7715	8.09
	材料费	无缝钢管（综合价）	kg	410.00	—	683.00	—	872.00	—
		无缝钢管管件（综合价）	kg	73.00	—	165.00	—	248.00	—
		型钢	kg	76.00	—	95.00	—	95.00	—
		钢筋 $\phi10$ 以外	t	0.41	—	0.41	—	0.41	—
		商品混凝土 C20	m^3	5.69	—	5.69	—	5.69	—
		板方材	m^3	0.49	—	0.49	—	0.49	—
		标准砖	千块	10.35	—	10.35	—	10.35	—
		其他材料费	元	10404	—	11274	—	12407	—
		措施费分摊	元	1445	—	1672	—	1903	—
		材料费小计	元	21751	39.64	25142	34.61	28207	29.57
	机械费	直流电焊机 20kW	台班	8.06	—	9.84	—	14.07	—
		超声波探伤机 CTS-26	台班	0.22	—	0.53	—	0.76	—
		X 光探伤机 TX-2505	台班	1.84	—	3.68	—	4.60	—
		空压机 $6m^3/min$	台班	0.11	—	0.12	—	0.12	—
		其他机械费	元	713	—	772	—	924	—
		措施费分摊	元	83	—	96	—	109	—
		机械费小计	元	1629	2.97	2112	2.91	2715	2.85
	直接费小计		元	29347	—	33955	—	38637	—
综合费用			元	6251	11.39	7232	9.96	8230	8.63
合　计			元	35598	—	41187	—	46867	—

2.3.2 单台式TMJ型调压站工程

工程内容：调压站建筑，调压装置、阀门及管道，附件等安装、吹扫、探伤、调试。

单位：座

指标编号				7F-205		7F-206		7F-207	
项目			单位	TMJ 型调压站　公称直径（mm）					
				150	占指标基价（%）	200	占指标基价（%）	300	占指标基价（%）
指标基价			元	57052	100.00	78833	100.00	97303	100.00
一、建筑安装工程费			元	35232	61.75	40594	51.49	46062	47.34
二、设备购置费			元	21820	38.25	38239	48.51	51241	52.66
建筑安装工程费									
直接费	人工费	人工	工日	179	—	199	—	223	—
		措施费分摊	元	132	—	152	—	172	—
		人工费小计	元	5686	9.97	6327	8.02	7092	7.29
	材料费	无缝钢管（综合价）	kg	410.00	—	683.00	—	872.00	—
		无缝钢管管件（综合价）	kg	73.00	—	165.00	—	248.00	—
		型钢	kg	76.00	—	95.00	—	95.00	—
		钢筋 ϕ10 以外	t	0.41	—	0.41	—	0.41	—
		商品混凝土 C20	m^3	5.69	—	5.69	—	5.69	—
		板方材	m^3	0.49	—	0.49	—	0.49	—
		标准砖	千块	10.35	—	10.35	—	10.35	—
		其他材料费	元	10406	—	11194	—	12410	—
		措施费分摊	元	1430	—	1648	—	1870	—
		材料费小计	元	21738	38.10	25038	31.76	28177	28.96
	机械费	直流电焊机 20kW	台班	8.06	—	9.84	—	14.07	—
		超声波探伤机 CTS-26	台班	0.22	—	0.53	—	0.76	—
		X 光探伤机 TX-2505	台班	1.84	—	3.68	—	4.60	—
		空压机 6m^3/min	台班	0.11	—	0.12	—	0.12	—
		其他机械费	元	706	—	762	—	916	—
		措施费分摊	元	82	—	95	—	107	—
		机械费小计	元	1621	2.84	2101	2.67	2705	2.78
	直接费小计		元	29045	—	33466	—	37974	—
综合费用			元	6187	10.84	7128	9.04	8088	8.31
合　计			元	35232	—	40594	—	46062	—

2.3.3 双台雷诺式调压站工程

工程内容：调压站建筑，调压装置、阀门及管道，附件等安装、吹扫、探伤、调试。

单位：座

指标编号				7F-208		7F-209		7F-210	
项目			单位	雷诺式调压站 公称直径（mm）					
				150	占指标基价（%）	200	占指标基价（%）	300	占指标基价（%）
指标基价			元	106171	100.00	141721	100.00	187189	100.00
一、建筑安装工程费			元	67630	63.70	78806	55.61	90167	48.17
二、设备购置费			元	38541	36.30	62915	44.39	97022	51.83
建筑安装工程费									
直接费	人工费	人工	工日	362	—	408	—	472	—
直接费	人工费	措施费分摊	元	252	—	294	—	337	—
直接费	人工费	人工费小计	元	11485	10.82	12954	9.14	14983	8.00
直接费	材料费	无缝钢管（综合价）	kg	820.00	—	1366.00	—	1744.00	—
直接费	材料费	无缝钢管管件（综合价）	kg	146.00	—	330.00	—	496.00	—
直接费	材料费	型钢	kg	152.00	—	190.00	—	190.00	—
直接费	材料费	钢筋 ϕ10 以外	t	1.24	—	1.24	—	1.24	—
直接费	材料费	商品混凝土 C20	m^3	10.94	—	10.94	—	10.94	—
直接费	材料费	板方材	m^3	0.76	—	0.76	—	0.76	—
直接费	材料费	标准砖	千块	18.06	—	18.06	—	18.06	—
直接费	材料费	其他材料费	元	18144	—	19884	—	22150	—
直接费	材料费	措施费分摊	元	2746	—	3199	—	3661	—
直接费	材料费	材料费小计	元	40972	38.59	47751	33.70	53882	28.79
直接费	机械费	直流电焊机 20kW	台班	16.12	—	19.68	—	28.14	—
直接费	机械费	超声波探伤机 CTS-26	台班	0.44	—	1.06	—	1.52	—
直接费	机械费	X 光探伤机 TX-2505	台班	3.68	—	7.36	—	9.20	—
直接费	机械费	空压机 6m^3/min	台班	0.22	—	0.24	—	0.24	—
直接费	机械费	其他机械费	元	1474	—	1590	—	1896	—
直接费	机械费	措施费分摊	元	158	—	184	—	210	—
直接费	机械费	机械费小计	元	3297	3.10	4263	3.01	5469	2.92
直接费	直接费小计		元	55754	—	64968	—	74334	—
综合费用			元	11876	11.19	13838	9.76	15833	8.46
合计			元	67630	—	78806	—	90167	—

2.3.4 双台式 TMJ 型调压站工程

工程内容：调压站建筑，调压装置、阀门及管道，附件等安装、吹扫、探伤、调试。

单位：座

指标编号				7F-211		7F-212		7F-213	
项目			单位	TMJ 型调压站 公称直径（mm）					
				150	占指标基价（%）	200	占指标基价（%）	300	占指标基价（%）
指标基价			元	110539	100.00	154098	100.00	190866	100.00
一、建筑安装工程费			元	66898	60.52	77619	50.37	88559	46.40
二、设备购置费			元	43641	39.48	76479	49.63	102307	53.60
建筑安装工程费									
直接费	人工费	人工	工日	344	—	384	—	432	—
		措施费分摊	元	250	—	290	—	331	—
		人工费小计	元	10924	9.88	12206	7.92	13736	7.20
	材料费	无缝钢管（综合价）	kg	820.00	—	1366.00	—	1744.00	—
		无缝钢管管件（综合价）	kg	146.00	—	330.00	—	496.00	—
		型钢	kg	152.00	—	190.00	—	190.00	—
		钢筋 ϕ10 以外	t	1.24	—	1.24	—	1.24	—
		商品混凝土 C20	m^3	10.94	—	10.94	—	10.94	—
		板方材	m^3	0.76	—	0.76	—	0.76	—
		标准砖	千块	18.06	—	18.06	—	18.06	—
		其他材料费	元	18148	—	19724	—	22156	—
		措施费分摊	元	2716	—	3151	—	3595	—
		材料费小计	元	40946	37.04	47543	30.85	53822	28.19
	机械费	直流电焊机 20kW	台班	16.12	—	19.68	—	28.14	—
		超声波探伤机 CTS-26	台班	0.44	—	1.06	—	1.52	—
		X 光探伤机 TX-2505	台班	3.68	—	7.36	—	9.20	—
		空压机 $6m^3/min$	台班	0.22	—	0.24	—	0.24	—
		其他机械费	元	1460	—	1570	—	1880	—
		措施费分摊	元	156	—	181	—	207	—
		机械费小计	元	3281	2.97	4240	2.75	5450	2.86
	直接费小计		元	55151	—	63989	—	73008	—
综合费用			元	11747	10.63	13630	8.85	15551	8.15
合计			元	66898	—	77619	—	88559	—

附　　录

附录一　燃气输配管工程分项指标含量表

1　土方工程含量

附表 1-1　燃气输配管钢管管沟开挖计算表

单位：km

项目 规格 *D* （mm）	管道埋设深度 （m）	管沟深度 （m）	管沟开挖体积（m^3）	管道体积 （m^3）	回填土 （m^3）	弃土 5km （m^3）	100mm 厚砂垫层 （m^3）
101.60	1.0	1.20	841.92	8.11	763.65	78.27	70.16
168.30		1.27	975.74	22.25	876.66	99.08	76.83
219.00		1.32	1081.08	37.67	961.51	119.57	81.90
323.90		1.42	1311.94	82.40	1137.15	174.79	92.39
406.40		1.51	2272.10	129.72	2041.74	230.36	100.64
508.00		1.61	2639.27	202.68	2325.79	313.48	110.80
610.00		1.71	3205.05	292.25	2781.80	423.25	131.00
711.00		1.81	3635.02	397.04	3096.88	538.14	141.10
813.00		1.91	4093.70	519.12	3423.28	670.42	151.30
914.00		2.01	4577.37	656.12	3759.85	817.52	161.40
1016.00		2.12	5121.07	810.73	4138.74	982.33	171.60
101.60	1.5	1.70	2146.42	8.11	2068.15	78.27	70.16
168.30		1.77	2393.75	22.25	2294.67	99.08	76.83
219.00		1.82	2583.67	37.67	2464.10	119.57	81.90
323.90		1.92	2990.40	82.40	2815.61	174.79	92.39
406.40		2.01	3356.10	129.72	3125.74	230.36	100.64
508.00		2.11	3807.07	202.68	3493.59	313.48	110.80
610.00		2.21	4506.85	292.25	4083.60	423.25	131.00
711.00		2.31	5020.32	397.04	4482.18	538.14	141.10
813.00		2.41	5563.00	519.12	4892.58	670.42	151.30
914.00		2.51	6130.17	656.12	5312.65	817.52	161.40
1016.00		2.62	6761.17	810.73	5778.84	982.33	171.60
101.60	2.0	2.20	3140.72	8.11	3062.45	78.27	70.16
168.30		2.27	3444.50	22.25	3345.42	99.08	76.83
219.00		2.32	3676.27	37.67	3556.70	119.57	81.90
323.90		2.42	4168.45	82.40	3993.66	174.79	92.39
406.40		2.51	4605.10	129.72	4374.74	230.36	100.64
508.00		2.61	5139.87	202.68	4826.39	313.48	110.80
610.00		2.71	5973.65	292.25	5550.40	423.25	131.00
711.00		2.81	6570.62	397.04	6032.48	538.14	141.10
813.00		2.91	7197.30	519.12	6526.88	670.42	151.30
914.00		3.01	7847.97	656.12	7030.45	817.52	161.40
1016.00		3.12	8566.27	810.73	7583.94	982.33	171.60

附表 1-2　燃气输配管钢管管沟（带支挡土板）开挖计算表

单位：km

项目规格 D（mm）	管道埋设深度（m）	管沟深度（m）	管沟开挖体积（m^3）	管道体积（m^3）	回填土（m^3）	弃土 5km（m^3）	100mm 厚砂垫层（m^3）	挡土板支撑（m^2）
406.40	1.00	1.51	1821.66	129.72	1591.30	230.36	100.64	3020.00
508.00		1.61	2105.88	202.68	1792.40	313.48	110.80	3220.00
610.00		1.71	2582.10	292.25	2158.85	423.25	131.00	3420.00
711.00		1.81	2915.91	397.04	2377.77	538.14	141.10	3620.00
813.00		1.91	3271.83	519.12	2601.41	670.42	151.30	3820.00
914.00		2.01	3646.14	656.12	2828.62	817.52	161.40	4020.00
1016.00		2.12	4061.92	810.73	3079.59	982.33	171.60	4240.00
101.60	1.50	1.70	1532.72	8.11	1454.45	78.27	70.16	3400.00
168.30		1.77	1713.89	22.25	1614.81	99.08	76.83	3540.00
219.00		1.82	1854.58	37.67	1735.01	119.57	81.90	3640.00
323.90		1.92	2157.89	82.40	1983.10	174.79	92.39	3840.00
406.40		2.01	2424.86	129.72	2194.50	230.36	100.64	4020.00
508.00		2.11	2759.88	202.68	2446.40	313.48	110.80	4220.00
610.00		2.21	3337.10	292.25	2913.85	423.25	131.00	4420.00
711.00		2.31	3721.41	397.04	3183.27	538.14	141.10	4620.00
813.00		2.41	4128.33	519.12	3457.91	670.42	151.30	4820.00
914.00		2.51	4553.14	656.12	3735.62	817.52	161.40	5020.00
1016.00		2.62	5019.92	810.73	4037.59	982.33	171.60	5240.00
101.60	2.00	2.20	1983.52	8.11	1905.25	78.27	70.16	4400.00
168.30		2.27	2198.04	22.25	2098.96	99.08	76.83	4540.00
219.00		2.32	2364.08	37.67	2244.51	119.57	81.90	4640.00
323.90		2.42	2719.84	82.40	2545.05	174.79	92.39	4840.00
406.40		2.51	3028.06	129.72	2797.70	230.36	100.64	5020.00
508.00		2.61	3413.88	202.68	3100.40	313.48	110.80	5220.00
610.00		2.71	4092.10	292.25	3668.85	423.25	131.00	5420.00
711.00		2.81	4526.91	397.04	3988.77	538.14	141.10	5620.00
813.00		2.91	4984.83	519.12	4314.41	670.42	151.30	5820.00
914.00		3.01	5460.14	656.12	4642.62	817.52	161.40	6020.00
1016.00		3.12	5977.92	810.73	4995.59	982.33	171.60	6240.00

附表 1-3　球墨铸铁管管沟开挖计算表

单位：km

项目规格 D（mm）	管道埋设深度（m）	管沟深度（m）	管沟开挖体积（m^3）	管道体积（m^3）	回填土（m^3）	弃土 5km（m^3）	100mm 厚砂垫层（m^3）	支墩（m^3）
118.00	1.00	1.22	1161.19	10.94	1045.81	115.38	91.80	12.64
169.00		1.27	1274.43	22.43	1140.92	133.51	96.90	14.18
220.00		1.32	1392.77	38.01	1237.04	155.73	102.00	15.72
250.00		1.35	1465.38	49.09	1294.66	170.72	105.00	16.63
323.00		1.42	1646.22	81.94	1433.14	213.08	112.30	18.84
426.00		1.53	2705.03	142.53	2417.95	287.08	122.60	21.95
528.00		1.63	3103.31	218.96	2726.51	376.80	132.80	25.04
631.00		1.73	3530.37	312.71	3046.41	483.96	143.10	28.15
118.00	1.50	1.72	2596.46	10.94	2481.08	115.38	91.80	12.64
169.00		1.77	2792.78	22.43	2659.27	133.51	96.90	14.18
220.00		1.82	2995.86	38.01	2840.13	155.73	102.00	15.72
250.00		1.85	3119.81	49.09	2949.09	170.72	105.00	16.63
323.00		1.92	3424.23	81.94	3211.15	213.08	112.30	18.84
426.00		2.03	3905.43	142.53	3618.35	287.08	122.60	21.95
528.00		2.13	4387.71	218.96	4010.91	376.80	132.80	25.04
631.00		2.23	4899.27	312.71	4415.31	483.96	143.10	28.15
118.00	2.00	2.22	3705.56	10.94	3590.18	115.38	91.80	12.64
169.00		2.27	3943.88	22.43	3810.37	133.51	96.90	14.18
220.00		2.32	4188.96	38.01	4033.23	155.73	102.00	15.72
250.00		2.35	4337.81	49.09	4167.09	170.72	105.00	16.63
323.00		2.42	4701.83	81.94	4488.75	213.08	112.30	18.84
426.00		2.53	5270.83	142.53	4983.75	287.08	122.60	21.95
528.00		2.63	5837.11	218.96	5460.31	376.80	132.80	25.04
631.00		2.73	6433.17	312.71	5949.21	483.96	143.10	28.15

附表 1-4　球墨铸铁管管沟（带支挡土板）开挖计算表

单位：km

项目规格 D（mm）	管道埋设深度（m）	管沟深度（m）	管沟开挖体积（m^3）	管道体积（m^3）	回填土（m^3）	弃土 5km（m^3）	100mm 厚砂垫层（m^3）	支墩（m^3）	支挡土板（m^2）
426.00	1.00	1.53	2238.53	142.53	1951.45	287.08	122.60	21.95	3060.00
528.00		1.63	2552.53	218.96	2175.73	376.80	132.80	25.04	3260.00
631.00		1.73	2888.71	312.71	2404.75	483.96	143.10	28.15	3460.00
118.00	1.50	1.72	1964.19	10.94	1848.81	115.38	91.80	12.64	3440.00
169.00		1.77	2112.93	22.43	1979.42	133.51	96.90	14.18	3540.00
220.00		1.82	2266.77	38.01	2111.04	155.73	102.00	15.72	3640.00
250.00		1.85	2360.38	49.09	2189.66	170.72	105.00	16.63	3700.00
323.00		1.92	2591.72	81.94	2378.64	213.08	112.30	18.84	3840.00
426.00		2.03	2951.53	142.53	2664.45	287.08	122.60	21.95	4060.00
528.00		2.13	3316.53	218.96	2939.73	376.80	132.80	25.04	4260.00
631.00		2.23	3704.21	312.71	3220.25	483.96	143.10	28.15	4460.00
118.00	2.00	2.22	2523.19	10.94	2407.81	115.38	91.80	12.64	4440.00
169.00		2.27	2697.43	22.43	2563.92	133.51	96.90	14.18	4540.00
220.00		2.32	2876.77	38.01	2721.04	155.73	102.00	15.72	4640.00
250.00		2.35	2985.38	49.09	2814.66	170.72	105.00	16.63	4700.00
323.00		2.42	3253.22	81.94	3040.14	213.08	112.30	18.84	4840.00
426.00		2.53	3664.53	142.53	3377.45	287.08	122.60	21.95	5060.00
528.00		2.63	4080.53	218.96	3728.77	351.76	132.80		5260.00
631.00		2.73	4519.71	312.71	4035.75	483.96	143.10	28.15	5460.00

附表 1-5　聚乙烯燃气管管沟开挖计算表

单位：km

项目规格 *D*（mm）	管道埋设深度（m）	管沟深度（m）	管沟开挖体积（m^3）	管道体积（m^3）	回填土（m^3）	弃土 5km（m^3）	100mm 厚砂垫层（m^3）	原土夯实（m^3）
110.00	1.00	1.21	859.10	9.50	778.60	80.50	71.00	423.60
160.00		1.26	957.60	20.11	861.49	96.11	76.00	481.49
200.00		1.30	1040.00	31.42	928.58	111.42	80.00	528.58
250.00		1.35	1147.50	49.09	1013.41	134.09	85.00	588.41
300.00		1.40	1260.00	70.69	1099.31	160.69	90.00	649.31
110.00	1.50	1.71	2179.05	9.50	2098.55	80.50	71.00	546.39
160.00		1.76	2359.81	20.11	2263.70	96.11	76.00	625.24
200.00		1.80	2509.20	31.42	2397.78	111.42	80.00	690.28
250.00		1.85	2701.93	49.09	2567.84	134.09	85.00	774.04
300.00		1.90	2901.30	70.69	2740.61	160.69	90.00	860.51
110.00	2.00	2.21	3180.85	9.50	3100.35	80.50	71.00	546.39
160.00		2.26	3403.11	20.11	3307.00	96.11	76.00	625.24
200.00		2.30	3585.70	31.42	3474.28	111.42	80.00	690.28
250.00		2.35	3819.93	49.09	3685.84	134.09	85.00	774.04
300.00		2.40	4060.80	70.69	3900.11	160.69	90.00	860.51

附表 1-6　聚乙烯燃气管管沟（带支挡土板）开挖计算表

单位：km

项目规格 *D*（mm）	管道埋设深度（m）	管沟深度（m）	管沟开挖体积（m^3）	管道体积（m^3）	回填土（m^3）	弃土 5km（m^3）	100mm 厚砂垫层（m^3）	原土夯实（m^3）	挡土板支撑（m^2）
110.00	1.50	1.21	1101.10	9.50	1020.60	80.50	71.00	545.60	2420.00
160.00		1.26	1209.60	20.11	1113.49	96.11	76.00	613.49	2520.00
200.00		1.30	1300.00	31.42	1188.58	111.42	80.00	668.58	2600.00
250.00		1.35	1417.50	49.09	1283.41	134.09	85.00	738.41	2700.00
300.00		1.40	1540.00	70.69	1379.31	160.69	90.00	809.31	2800.00
110.00	2.00	1.71	1556.10	9.50	1475.60	80.50	71.00	545.60	3420.00
160.00		1.76	1689.60	20.11	1593.49	96.11	76.00	613.49	3520.00
200.00		1.80	1800.00	31.42	1688.58	111.42	80.00	668.58	3600.00
250.00		1.85	1942.50	49.09	1808.41	134.09	85.00	738.41	3700.00
300.00		1.90	2090.00	70.69	1929.31	160.69	90.00	809.31	3800.00

附表 1-7　钢质管道阴极保护土方工程设置取定表

管道埋设深度 1m 以内

单位：km

规格		DN100	DN150	DN200	DN300	DN400	DN500	DN600	DN700	DN800	DN900	DN1000
项目内容	单位											
挖填土石方	m^3	11.84	12.48	12.96	13.97	26.74	29.39	40.12	50.18	61.54	74.16	90.96

管道埋设深度 1.5m 以内

单位：km

规格		DN100	DN150	DN200	DN300	DN400	DN500	DN600	DN700	DN800	DN900	DN1000
项目内容	单位											
挖填土石方	m^3	31.92	33.79	35.23	38.31	40.82	44.00	59.06	72.73	87.90	104.53	126.62

管道埋设深度 2m 以内

单位：km

规格		DN100	DN150	DN200	DN300	DN400	DN500	DN600	DN700	DN800	DN900	DN1000
项目内容	单位											
挖填土石方	m^3	47.03	49.24	50.96	54.59	57.53	61.25	81.29	99.07	118.55	139.68	167.73

注：1. 镁阳极埋设地点需开挖坑“1000mm × 600mm × 管沟深度 mm”土方量。

2. 测试桩埋设地点需开挖坑“500mm × 300mm × 1000mm”土方量。

附表 1-8 钢制阀井构筑土建工程设置取定表

单位：座

项目	单位	阀井规格			
		*DN*100	*DN*200	*DN*300	*DN*400
阀井土石方开挖	m^3	11.59	18.62	29.40	33.75
土石方回填	m^3	9.43	13.55	16.29	18.31
运余土	m^3	2.16	5.07	13.11	17.44
砖砌井墙	m^3	2.06	3.40	4.46	5.23
井墙抹灰	m^2	7.04	12.02	16.47	19.67
砌管支座	m^3	0.07	0.07	0.07	0.07
支座抹灰	m^2	0.67	0.67	0.67	0.67
现浇 C20 混凝土井底（200mm 厚）	m^3	0.24	0.36	0.68	0.97
现浇 C20 钢筋混凝土井圈（200mm 厚）及模板	m^3	0.26	0.31	0.40	0.47
现浇构件钢筋	m^3	0.035	0.048	0.085	0.187
钢爬梯 ϕ24 螺纹钢 *L*=1200mm	t	0.022	0.026	0.026	0.026
铸铁井座、井盖安装	套	1	1	1	1
防地下水材料	m^2	1.00	1.44	2.50	4.80

附表 1-9 聚乙烯阀井构筑土建工程设置取定表

单位：座

项目	单位	PE 管覆土厚（m）		
		1.00	1.50	2.00
阀井土石方开挖	m^3	3.48	4.73	5.97
现浇 C15 混凝土井底基础（200mm 厚）	m^3	0.39	0.39	0.39
现浇 C15 混凝土井圈（150mm 厚）	m^3	0.11	0.11	0.11
基础模板	m^2	1.63	1.63	1.63
井圈模板	m^2	0.89	0.89	0.89
砖砌井墙	m^3	0.45	0.45	0.45
土石方回填	m^3	2.2	3.45	4.69
外运余土	m^3	1.28	1.28	1.28
细砂填实	m^3	0.33	0.33	0.33
井壁抹灰	m^2	1.63	1.63	1.63
铸铁井盖、井座安装 S147	套	1	1	1

2 管道安装工程含量

附表 1-10 中低压（钢管）安装工程设置取定表

单位：km

项目规格			管件								管件合计		警示带（通用型）（m）
			管件 30°		管件 45°		管件 60°		管件 90°				
管径（mm）	钢管每根长度（m）	重量（kg/m）	数量（个）	重量（kg/个）	数量（个）	重量（kg/个）	数量（个）	重量（kg/个）	数量（个）	重量（kg/个）	数量（个）	重量（t）	
101.6×4.00	8	9.63	29	0.768	25	1.153	17	1.537	12	2.305	83	0.105	1080.00
168.3×4.00	8	16.21	29	2.142	25	3.214	17	4.285	12	6.427	83	0.292	1080.00
219×4.80	8	25.37	29	4.361	25	6.542	17	8.723	12	13.084	83	0.595	1080.00
323.9×4.80	8	37.77	25	9.609	22	14.414	14	19.219	11	28.828	72	1.144	1080.00
406.4×5.20	8	51.45	25	16.422	22	24.633	14	32.844	11	49.266	72	1.954	2160.00
508×6.40	8	79.16	23	31.587	20	47.381	13	63.175	10	94.762	66	3.443	2160.00
610×7.10	8	105.56	21	50.576	18	75.864	12	101.152	9	151.728	60	5.007	2160.00
711×7.90	8	136.97	15	76.494	13	114.741	9	152.987	7	229.481	44	5.622	2160.00
813×7.90	8	156.84	14	100.156	12	150.235	8	200.313	5	300.469	39	6.310	2160.00
914×8.70	8	194.22	12	139.434	10	209.152	7	278.869	4	418.303	33	7.390	2160.00
1016×8.70	8	216.11	12	172.458	10	258.687	7	344.916	4	517.374	33	9.140	2160.00

附表 1-11　高压（钢管）安装工程含量表

单位：km

项目规格			管件								管件合计		警示带（通用型）（m）
			管件 30°		管件 45°		管件 60°		管件 90°				
管径（mm）	钢管每根长度（m）	重量（kg/m）	数量（个）	重量（kg/个）	数量（个）	重量（kg/个）	数量（个）	重量（kg/个）	数量（个）	重量（kg/个）	数量（个）	重量（t）	
101.6×4.80	8	11.46	29	1.08	25	1.62	17	2.15	12	2.743	83	0.141	1080.00
168.3×4.80	8	19.35	29	2.83	25	4.24	17	5.65	12	7.675	83	0.376	1080.00
219×5.60	8	36.94	29	7.16	25	10.74	17	14.32	12	15.208	83	0.902	1080.00
323.9×5.60	8	43.93	25	19.83	22	29.74	14	39.66	11	33.548	72	2.074	1080.00
406.4×6.40	8	63.13	25	34.33	22	51.49	14	68.65	11	60.454	72	3.617	2160.00
508×7.90	8	97.43	23	53.18	20	79.77	13	106.36	10	116.622	66	5.367	2160.00
610×8.70	8	129.00	21	61.809	18	92.714	12	123.618	9	185.427	60	6.119	2160.00
711×9.50	8	164.34	15	91.777	13	137.665	9	183.553	7	275.330	44	6.746	2160.00
813×9.50	8	188.24	14	120.202	12	180.303	8	240.404	5	360.606	39	7.573	2160.00
914×10.30	8	219.54	12	164.786	10	247.179	7	329.571	4	494.357	33	8.734	2160.00
1016×10.30	8	255.45	12	203.850	10	305.775	7	407.700	4	611.550	33	10.804	2160.00

附表 1-12　钢质管道阴极保护工程设置取定表

单位：km

规格	管道直径 D	管道面积	管道保护所需电流	保护管道所需镁阳极重量	保护管道所需镁阳极重量（含理论误差量 5%）	镁阳极实用量 MUG–3 型				保护管道实际用量镁阳极重量	镁阳极	镁阳极每（组）间距	$Cu/CuSO_4$ 参比电极	玻璃钢测试桩 $\phi 114$ 长度 2m	绝缘接头型号 JY25	
						规格	数量	规格	数量							
mm	m	m^2	A	kg	kg	kg	支	kg	支	kg	个	m	套	组	mm	件
*DN*100	0.1016	319.19	0.16	67.09	70.44	4	14	8	2	72	16	63	2	2	100	0.5
*DN*150	0.1683	528.73	0.26	109.02	114.47	4	2	8	14	120	16	63	2	2	150	0.5
*DN*200	0.2190	688.01	0.34	142.56	149.69	8	8	11	8	152	16	63	2	2	200	0.5
*DN*300	0.3239	1017.56	0.51	213.84	224.53	14	14	22	2	240	16	63	2	2	300	0.5
*DN*400	0.4064	1276.74	0.64	268.35	281.77	14	8	22	8	288	16	63	2	2	400	0.5
*DN*500	0.5080	1595.93	0.80	335.44	352.21	22	16			352	16	63	2	2	500	0.5
*DN*600	0.6100	1916.37	0.96	402.52	422.65	22	20			440	20	50	2	2	600	0.5
*DN*700	0.7110	2233.67	1.12	469.61	493.09	22	23			506	23	43	2	2	700	0.5
*DN*800	0.8130	2554.11	1.28	536.70	563.54	22	26			572	26	38	2	2	800	0.5
*DN*900	0.9140	2871.42	1.44	603.78	633.97	22	29			638	29	34	2	2	900	0.5
*DN*1000	1.0160	3191.86	1.60	670.87	704.41	22	33			726	33	30	2	2	1000	0.5

注：1. $Cu/CuSO_4$参比电极按设计分为长效参比电极和便携式参比电极，本估算指标按长效参比电极考虑。如地区使用不同可换为便携式参比电极材料费。

2. 测试桩分有：钢管、PVC 塑料、玻璃钢等材质，本估算指标按玻璃钢材质考虑。如地区使用不同可按实际换算材料费。

附表 1-13　中低压（球墨铸铁管）安装工程设置取定表

单位：km

项目规格		单位	管径（mm）							
			D118	D169	D220	D271.6	D322.8	D425.6	D528	D630.8
燃气球墨铸铁管（N1 型）重量		kg/m	16.62	24.90	33.50	43.83	55.33	82.17	112.67	148.00
燃气球墨铸铁管（N1 型）每根长度		m	6.00	6.00	6.00	6.00	6.00	6.00	6.00	6.00
管件	燃气球墨铸铁管弯头（N1 型） 90°	件/（个/kg）	13/4.70	12/8.00	12/12.30	11/17.90	11/24.50	11/41.00	10/64.00	10/93.00
	燃气球墨铸铁管弯头（N1 型） 45°	件/（个/kg）	17/3.70	17/6.10	17/9.10	14/13.30	14/17.80	14/29.00	13/45.50	13/65.00
	燃气球墨铸铁管弯头（N1 型） 22.5°	件/（个/kg）	25/4.70	25/8.00	25/12.30	22/17.90	22/24.50	22/41.00	20/64.00	20/93.00
	燃气球墨铸铁管弯头（N1 型） 11.25°	件/（个/kg）	29/3.70	29/6.10	29/9.10	25/13.30	25/17.80	25/29.00	23/45.50	23/65.00
	燃气球墨铸铁乙字管（N1 型）	件/（个/kg）	3/10.10	3/22.00	3/31.00	3/41.50	3/53.00	3/101.00	3/169.00	3/262.00
	燃气球墨铸铁双承丁字管（N1 型） ⊢100	件/（个/kg）	2/16.20	2/27.00	2/36.00	2/51.50	2/65.50			
	燃气球墨铸铁双承丁字管（N1 型） ⊢200	件/（个/kg）						2/117.00		
	燃气球墨铸铁双承丁字管（N1 型） ⊢250	件/（个/kg）							2/169.00	
	燃气球墨铸铁双承丁字管（N1 型） ⊢300	件/（个/kg）								2/254.00
	燃气球墨铸铁双承渐缩管（N1 型） ▷100	件/（个/kg）		1/3.50	1/7.10					
	燃气球墨铸铁双承渐缩管（N1 型） ▷150	件/（个/kg）				1/10.20	1/16.70			
	燃气球墨铸铁双承渐缩管（N1 型） ▷250	件/（个/kg）						1/27.00		
	燃气球墨铸铁双承渐缩管（N1 型） ▷350	件/（个/kg）							1/39.50	
	燃气球墨铸铁双承渐缩管（N1 型） ▷400	件/（个/kg）								1/64.00
管件合计		件	89	89	89	78	78	78	72	72
		kg	412.00	700.00	1046.00	1347.00	1809.00	3048.00	4425.00	6488.00
燃气球墨铸铁管压兰（N1 型）		块/kg	455/6.00	455/7.00	455/10.00	323/11.80	379/15.00	379/20.00	333/26.00	333/33.00
燃气球墨铸铁管压兰（重量合计）		kg	2070.00	2415.00	3450.00	3811.40	4845.00	6460.00	8086.00	10263.00
胶圈、支承圈（N1 型）		套	355	355	355	333	333	333	320	320
螺栓 M20×100		套	1420	2130	2130	2658	2658	3323	4479	5120
警示带（通用型）		m	1080.00	1080.00	1080.00	1080.00	1080.00	1080.00	2160.00	2160.00

附表 1-14　中低压（聚乙烯燃气管）安装工程设置取定表

单位：km

项目规格		管径（mm）														
		*D*110			*D*160			*D*200			*D*250			*D*315		
		管件价格取定数值														
		用量（个）	单价（元）	金额（元）	用量（个）	单价（元）	金额（元）	用量（个）	单价（元）	金额（元）	用量（个）	单价（元）	金额（元）	用量（个）	单价（元）	金额（元）
管件	套筒	125	63.00	7875.00	125	126.00	15750.00	125	281.00	35125.00	125	517.00	64625.00	125	648.00	81000.00
	弯头 90°	17	108.10	1837.70	17	233.10	3962.70	17	477.50	8117.50	14	623.00	8722.00	14	780.40	10925.60
	弯头 45°	26	122.20	3177.20	26	268.10	6970.60	26	549.10	14276.60	23	716.45	16478.35	23	897.50	20642.50
	异径套管	6	101.50	609.00	6	216.20	1297.20	6	411.80	2470.80	5	537.40	2687.00	5	673.20	3366.00
	等径三通	2	122.20	244.40	2	343.20	686.40	2	658.90	1317.80	2	859.80	1719.60	2	1077.00	2154.00
	异径三通	2	120.30	240.60	2	343.40	686.80	2	672.00	1344.00	2	877.00	1754.00	2	1098.00	2196.00
	封堵鞍型	1	65.80	65.80	1	85.00	85.00	1	200.00	200.00	1	486.11	486.11	1	729.00	729.00
	直通鞍型	3	178.60	535.80	3	280.00	840.00	3	333.00	999.00	3	380.00	1140.00	3	1215.00	3645.00
	旁通鞍型	2	218.10	436.20	2	310.00	620.00	2	320.00	640.00	2	380.00	760.00	2	1252.00	2504.00
	钢塑转换接头	2	244.40	488.80	2	650.00	1300.00	2	1250.00	2500.00	2	1340.00	2680.00	2	1900.00	3800.00
合计（元）				15510.50			32198.70			66990.70			101052.06			130962.10
综合单价（个/元）		186		83.39	186		173.11	186		360.17	179		564.54	179		731.63
PE 燃气管（每根长度：m）		8.00			8.00			8.00			8.00			8.00		
PE 燃气管（重量：kg/m）		3.18			6.74						16.35			25.95		
施工护栏（m²）		4010.00			4010.00			4010.00			4010.00			4010.00		
警示装置（套）		3			3			3			3			3		

3　阀井、调压站工程设置取定

附表 1-15　钢制阀井安装设置取定表

单位：座

项　　目	单位	公称直径（mm）				备注
		*DN*100	*DN*200	*DN*300	*DN*400	
球阀 QDQ41F-1.6C *DN*100	个	1				球阀计量单位（组）
球阀 QDQ41F-1.6 C *DN*200	个		1			
球阀 QDQ41F-1.6 C *DN*300	个			1		
球阀 QDQ41F-1.6 C *DN*400	个				1	
波纹伸缩器 1.6MPa *DN*100	个	1				
波纹伸缩器 1.6MPa *DN*200	个		1			
波纹伸缩器 1.6MPa *DN*300	个			1		
波纹伸缩器 1.6MPa *DN*400	个				1	
法兰盘 1.6MPa *DN*100	片	4				
法兰盘 1.6MPa *DN*200	片		4			
法兰盘 1.6MPa *DN*300	片			4		
法兰盘 1.6MPa *DN*400	片				4	
螺栓 M20×100	kg	3.20	6.40	16.80	21.60	
球阀 DQ41F-1.6C *DN*25	个	2				放空阀计量单位（组）
球阀 DQ41F-1.6C *DN*32	个		2	2	2	
法兰盘 1.6MPa *DN*25	片	4				
法兰盘 1.6MPa *DN*32	片		4	4	4	
螺栓 M16×60	kg	0.39	0.41	0.41	0.41	
针形阀 J13W-16 *DN*15	个	1	1	1	1	压力表（组）
弹簧压力表 0~4.0MPa Y-100	个	1	1	1	1	

附表 1-16　单台式调压站主要设备含量表

单位：座

名　称	型号及规格	单位	雷诺式 DN150	雷诺式 DN200	雷诺式 DN300	TMJ DN316	TMJ DN318	TMJ DN439	备注
调压器	DN150	台	1						调压装置计量单位（装置）
调压器	DN200	台		1					
调压器	DN300	台			1				
调压器	TMJ316	台				1			
调压器	TMJ318	台					1		
调压器	DN300	台						1	
球阀	DQ41F-1.6C DN150	个	3	1	1	3	1	1	
球阀	DQ41F-1.6C DN200	个		2			2		
球阀	DQ41F-1.6C DN300	个			2			2	
过滤器	1.6MPa DN200	个	1			1			
过滤器	1.6MPa DN300	个		1			1		
过滤器	1.6MPa DN400	个			1			1	
分离器	1.6MPa DN150	个	1			1			
分离器	1.6MPa DN200	个		1			1		
分离器	1.6MPa DN300	个			1			1	
安全水封	DN200	个	1			1			
安全水封	DN300	个		1			1	1	
自动压力计	低压	套	1	1	1	1	1	1	
自动压力计	中压	套	1	1	1	1	1	1	
U 型压力计		套	2	2	2	2	2	2	
弹簧压力表	0~4.0MPa Y-100	个	2	2	2	2	2	2	
针型阀	J13W-16 DN15	个	4.04	4.04	4.04	4.04	4.04	4.04	
压兰式转芯阀	1.6MPa DN25	个	1	1	1	1	1	1	
截止阀	J11T-1.6MPa DN15	个	9.18	9.18	9.18	9.18	9.18	9.18	
法兰盘	1.6MPa DN150	片	26	8	8	26	8	8	
法兰盘	1.6MPa DN200	片	2	16		2	16		
法兰盘	1.6MPa DN300	片		2	16		2	16	
法兰盘	1.6MPa DN400	片			2			2	
波纹伸缩器	1.6MPa DN150	组	1			1			
波纹伸缩器	1.6MPa DN200	组		1			1		
波纹伸缩器	1.6MPa DN300	组			1			1	
无缝钢管		kg	410.00	683.00	872.00	410.00	683.00	872.00	主材
无缝钢管管件		kg	73.00	165.00	248.00	73.00	165.00	248.00	
型钢（综合）		kg	76.00	95.00	95.00	76.00	95.00	95.00	
建筑面积		m^2	25.00	25.00	25.00	25.00	25.00	25.00	

附表 1-17 双台式调压站主要设备含量表

单位：座

名 称	型号及规格	单位	雷诺式 150	雷诺式 200	雷诺式 300	TMJ 316	TMJ 318	TMJ 439	备注
调压器	*DN*150	台	2						调压装置计量单位（装置）
调压器	*DN*200	台		2					
调压器	*DN*300	台			2				
调压器	TMJ316	台				2			
调压器	TMJ318	台					2		
调压器	*DN*300	台						2	
球阀	DQ41F-1.6C *DN*150	个	6	2	2	6	2	2	
球阀	DQ41F-1.6C *DN*200	个		4			4		
球阀	DQ41F-1.6C *DN*300	个			4			4	
过滤器	1.6MPa *DN*200	个	2			2			
过滤器	1.6MPa *DN*300	个		2			2		
过滤器	1.6MPa *DN*400	个			2			2	
分离器	1.6MPa *DN*150	个	2			2			
分离器	1.6MPa *DN*200	个		2			2		
分离器	1.6MPa *DN*300	个			2			2	
安全水封	*DN*200	个	2			2			
安全水封	*DN*300	个		2			2	2	
自动压力计	低压	套	2	2	2	2	2	2	
自动压力计	中压	套	2	2	2	2	2	2	
U 型压力计		套	4	4	4	4	4	4	
弹簧压力表	0~4.0MPa Y-100	个	4	4	4	4	4	4	
针型阀	J13W-16 *DN*15	个	8.08	8.08	8.08	8.08	8.08	4.04	
压兰式转芯阀	1.6MPa *DN*25	个	2	2	2	2	2	1	
截止阀	J11T-1.6MPa *DN*15	个	18.36	18.36	18.36	18.36	18.36	18.36	
法兰盘	1.6MPa *DN*150	片	52	16	16	52	16	16	
法兰盘	1.6MPa *DN*200	片	4	32		4	32		
法兰盘	1.6MPa *DN*300	片		4	32		4	32	
法兰盘	1.6MPa *DN*400	片			4			4	
波纹伸缩器	1.6MPa *DN*150	组	2			2			
波纹伸缩器	1.6MPa *DN*200	组		2			2		
波纹伸缩器	1.6MPa *DN*300	组			2			2	
无缝钢管		kg	820.00	1366.00	1744.00	820.00	1366.00	1744.00	主材
无缝钢管管件		kg	146.00	330.00	496.00	146.00	330.00	496.00	
型钢（综合）		kg	152.00	190.00	190.00	152.00	190.00	190.00	
建筑面积		m^2	40.00	40.00	40.00	40.00	40.00	40.00	

附录二　主要材料、机械台班、设备单价取定表

序号	名　称	规格型号	单位	单价（元）
1	无缝钢管	（综合）	kg	5.40
2	无缝钢管管件	（综合）	kg	8.20
3	燃气球墨铸铁管	N1 型	kg	5.00
4	燃气球墨铸铁管管件	N1 型	kg	7.00
5	燃气球墨铸铁管压兰	N1 型	kg	7.00
6	胶圈、支撑圈	N1 型 *DN*100	套	22.00
7	胶圈、支撑圈	N1 型 *DN*150	套	33.00
8	胶圈、支撑圈	N1 型 *DN*200	套	44.00
9	胶圈、支撑圈	N1 型 *DN*300	套	66.00
10	胶圈、支撑圈	N1 型 *DN*400	套	58.00
11	胶圈、支撑圈	N1 型 *DN*500	套	110.00
12	胶圈、支撑圈	N1 型 *DN*600	套	132.00
13	PE 燃气管		kg	20.57
14	PE 燃气管件 套筒	*D*110	个	63.00
15	PE 燃气管件 套筒	*D*160	个	126.00
16	PE 燃气管件 套筒	*D*200	个	281.00
17	PE 燃气管件 套筒	*D*250	个	517.00
18	PE 燃气管件 套筒	*D*315	个	648.00
19	PE 燃气管件 弯头 45°	*D*110	个	108.10
20	PE 燃气管件 弯头 45°	*D*160	个	233.10
21	PE 燃气管件 弯头 45°	*D*200	个	477.50
22	PE 燃气管件 弯头 45°	*D*250	个	623.00
23	PE 燃气管件 弯头 45°	*D*315	个	780.40
24	PE 燃气管件 弯头 90°	*D*110	个	122.20
25	PE 燃气管件 弯头 90°	*D*160	个	268.10
26	PE 燃气管件 弯头 90°	*D*200	个	549.10
27	PE 燃气管件 弯头 90°	*D*250	个	716.45
28	PE 燃气管件 弯头 90°	*D*315	个	897.50
29	PE 燃气管件 异径套管	*D*110	个	101.50
30	PE 燃气管件 异径套管	*D*160	个	216.20
31	PE 燃气管件 异径套管	*D*200	个	411.80
32	PE 燃气管件 异径套管	*D*250	个	537.40
33	PE 燃气管件 异径套管	*D*315	个	673.20
34	PE 燃气管件 等径三通	*D*110	个	122.20
35	PE 燃气管件 等径三通	*D*160	个	343.20
36	PE 燃气管件 等径三通	*D*200	个	658.90
37	PE 燃气管件 等径三通	*D*250	个	859.80

续表

序号	名　　称	规格型号	单位	单价（元）
38	PE 燃气管件 等径三通	*D*315	个	1077.00
39	PE 燃气管件 异径三通	*D*110	个	120.30
40	PE 燃气管件 异径三通	*D*160	个	343.40
41	PE 燃气管件 异径三通	*D*200	个	672.00
42	PE 燃气管件 异径三通	*D*250	个	877.00
43	PE 燃气管件 异径三通	*D*315	个	1098.00
44	PE 燃气管件 封堵鞍型	*D*110	个	65.80
45	PE 燃气管件 封堵鞍型	*D*160	个	85.00
46	PE 燃气管件 封堵鞍型	*D*200	个	200.00
47	PE 燃气管件 封堵鞍型	*D*250	个	486.11
48	PE 燃气管件 封堵鞍型	*D*315	个	729.00
49	PE 燃气管件 直通鞍型	*D*110	个	178.50
50	PE 燃气管件 直通鞍型	*D*160	个	280.00
51	PE 燃气管件 直通鞍型	*D*200	个	333.00
52	PE 燃气管件 直通鞍型	*D*250	个	380.00
53	PE 燃气管件 直通鞍型	*D*315	个	1215.00
54	PE 燃气管件 旁通鞍型	*D*110	个	218.10
55	PE 燃气管件 旁通鞍型	*D*160	个	310.00
56	PE 燃气管件 旁通鞍型	*D*200	个	320.00
57	PE 燃气管件 旁通鞍型	*D*250	个	380.00
58	PE 燃气管件 旁通鞍型	*D*315	个	1252.00
59	PE 燃气管件 钢塑转换接头	*D*110	个	244.40
60	PE 燃气管件 钢塑转换接头	*D*160	个	650.00
61	PE 燃气管件 钢塑转换接头	*D*200	个	1250.00
62	PE 燃气管件 钢塑转换接头	*D*250	个	1340.00
63	PE 燃气管件 钢塑转换接头	*D*315	个	1900.00
64	PE 燃气 80 型球阀	*D*110 双放散 杆长 1800	组	3514.00
65	PE 燃气 80 型球阀	*D*160 双放散 杆长 1800	组	5908.00
66	PE 燃气 80 型球阀	*D*200 双放散 杆长 1800	组	9660.00
67	PE 燃气 80 型球阀	*D*250 双放散 杆长 1800	组	13782.00
68	PE 燃气 80 型球阀	*D*300 双放散 杆长 1800	组	18490.00
69	防腐内胶带		m^2	24.09
70	防腐外胶带		m^2	25.55
71	煤焦油沥青漆	L01-17	kg	6.79
72	燃气警示带		m	0.92
73	燃气警示带	$20^{\#}$金属丝带	m	3.85
74	型钢	（综合）	kg	3.40
75	钢筋	ϕ10 以内	t	3450.00
76	钢筋	ϕ10 以外	t	3550.00
77	铸铁井座、井盖安装		套	202.00
78	铁爬梯		t	5200.00

续表

序号	名　称	规格型号	单位	单价（元）
79	商品混凝土	C15	m^3	277.24
80	商品混凝土	C20	m^3	292.24
81	标准砖		千块	290.00
82	板方材		m^3	1452.00
83	钢挡土板		t	2869.00
84	平焊法兰	1.6MPa *DN*25	片	9.43
85	平焊法兰	1.6MPa *DN*32	片	11.39
86	平焊法兰	1.6MPa *DN*100	片	59.26
87	平焊法兰	1.6MPa *DN*150	片	104.04
88	平焊法兰	1.6MPa *DN*200	片	137.80
89	平焊法兰	1.6MPa *DN*300	片	247.25
90	平焊法兰	1.6MPa *DN*400	片	431.36
91	螺栓		kg	8.21
92	螺栓	M20×100	套	2.03
93	镁阳极	MUG-3	kg	32.00
94	玻璃钢测试桩		个	350.00
95	长效参比电极		支	450.00
96	绝缘接头 JY25	*DN*100	个	92.00
97	绝缘接头 JY25	*DN*150	个	257.00
98	绝缘接头 JY25	*DN*200	个	523.00
99	绝缘接头 JY25	*DN*300	个	1153.00
100	绝缘接头 JY25	*DN*400	个	1971.00
101	绝缘接头 JY25	*DN*500	个	3790.00
102	绝缘接头 JY25	*DN*600	个	6069.00
103	绝缘接头 JY25	*DN*700	个	9179.00
104	绝缘接头 JY25	*DN*800	个	12019.00
105	绝缘接头 JY25	*DN*900	个	16732.00
106	绝缘接头 JY25	*DN*1000	个	20695.00
107	弹簧压力表	0~4.0MPa Y-100	个	15.12
108	针型阀	J13W-16 *DN*15	个	32.00
109	低压自动压力计		套	408.00
110	中压自动压力计		套	408.00
111	U 型压力计		套	108.00
112	压兰式转芯阀	1.6MPa *DN*25	个	45.00
113	截止阀	J11T-1.6MPa *DN*15	个	21.08
114	球阀	DQ41F—1.6C *DN*25	个	110.00
115	球阀	DQ41F—1.6C *DN*32	个	150.00
116	球阀	DQ41F—1.6C *DN*100	个	580.00
117	球阀	DQ41F—1.6C *DN*150	个	940.00
118	球阀	DQ41F—1.6C *DN*200	个	2100.00
119	球阀	DQ41F—1.6C *DN*300	个	4200.00

续表

序号	名　称	规格型号	单位	单价（元）
120	球阀	DQ41F-1.6C *DN*400	个	6300.00
121	波纹伸缩器	1.6MPa *DN*100	个	781.25
122	波纹伸缩器	1.6MPa *DN*150	个	1250.00
123	波纹伸缩器	1.6MPa *DN*200	个	2640.00
124	波纹伸缩器	1.6MPa *DN*300	个	3000.00
125	波纹伸缩器	1.6MPa *DN*400	个	4695.00
126	过滤器	1.6MPa *DN*200	组	1700.00
127	过滤器	1.6MPa *DN*300	组	2958.00
128	过滤器	1.6MPa *DN*400	组	3800.00
129	分离器	1.6MPa *DN*150	个	1500.00
130	分离器	1.6MPa *DN*200	个	2300.00
131	分离器	1.6MPa *DN*300	个	2800.00
132	安全水封	*DN*200	个	2100.00
133	安全水封	*DN*300	个	3600.00
134	调压器	雷诺式 *DN*150	台	5490.00
135	调压器	雷诺式 *DN*200	台	9858.00
136	调压器	雷诺式 *DN*300	台	17010.00
137	调压器	TMJ316	台	7920.00
138	调压器	TMJ318	台	16520.00
139	调压器	TMJ439	台	21500.00
140	缠绕机		台班	91.85
141	直流电焊机	20kW	台班	66.94
142	超声波探伤机	CTS-26	台班	110.92
143	X 光探伤机	TX-2505	台班	139.77
144	对接熔接机		台班	150.00
145	试压水泵	4.0MPa	台班	48.46
146	试压泵		台班	58.01
147	空压机	$6m^3/min$	台班	105.49
148	载重汽车	4t	台班	285.27
149	载重汽车	5t	台班	352.20
150	汽车起重机	5t	台班	402.49
151	汽车起重机	8t	台班	509.61
152	汽车起重机	12t	台班	674.73
153	自卸汽车	4.5t	台班	345.81
154	履带式推土机	75kW	台班	545.44
155	电动夯实机	20 ~ 62kg/m	台班	20.80
156	履带式单斗挖土机	$1.0m^3$	台班	728.06

附录三　编制燃气工程投资估算应用案例

1　综合指标应用案例

例：西北某城市拟敷设燃气管网（P<0.4MPa）工程，材质钢管，规划设计供气规模 12 万 m^3/d。地质勘探部门提供资料：该施工段分管顶覆土厚度 1.5m（带支挡土板）占该施工段 20%，其余管顶覆土厚度为 1m 以下。市场人工工日、材料、机械台班价格如下：

1	人工	45.00 元/工日
2	钢管	5800.00 元/t
3	钢制管件	12600.00 元/t
4	型钢(综合)	4200.00 元/t
5	防腐内胶带	26.00 元/m^2
6	防腐外胶带	28.00 元/ m^2
7	煤焦油沥青漆	18.50 元/kg
8	警示带(20#通用型)	4200.00 元/km
9	铸铁井座、井盖	800.00 元/套
10	商品混凝土	280.00 元/m^3
11	标准砖	260.00 元/千块
12	球阀 D300	4600.00 元/个
13	波纹伸缩器 ϕ300	3200.00 元/个
14	平焊法兰 1.6MPa DN300	385.00 元/副
15	球阀 D32	165.00 元/个
16	平焊法兰 1.6MPa DN32	36.00 元/副
17	螺栓	7.20 元/kg
18	弹簧压力表 0~4.0MPa Y-100	82.00 元/个
19	针型阀 J13W-16　DN15	42.00 元/个
20	绝缘接头 JY25　DN300	1560.00 元/个
21	镁阳极 MUG-3	38.00 元/kg
22	玻璃钢测试桩	480.00 元/个
23	板方材	1600.00 元/m^3
24	长效参比电极	670.00 元/支
25	钢挡土板	3600.00 元/t
26	缠绕机	110.22 元/台班
27	直流电焊机 20kW	80.33 元/台班
28	超声波探伤机 CTS—26	133.10 元/台班
29	X 光探伤机 TX—2505	167.72 元/台班
30	空压机 6m^3/min	126.59 元/台班
31	载重汽车 5t	422.64 元/台班
32	汽车起重机 5t	482.99 元/台班
33	自卸汽车 4.5t	414.97 元/台班

一、综合指标建筑安装工程费计算:

（一）工作压力 $P<0.4$MPa 属中低压，钢管顶覆土厚度 1m，查本册综合指标 7Z-001 埋设深度 1m；

工作压力 $P<0.4$MPa 属中低压，钢管顶覆土厚度 1.5m (带支挡土板)，查本册综合指标 7Z-010 埋设深度 1.5m (带支挡土板)。

（二）综合指标按每万 m^3/d 直接费中人工费、材料费、机械费单价换价:

1. 人工费换价:

人工费=综合工×工日单价（采用当时当地的）

7Z-001 燃气输配管（钢管）埋设深度 1m 以内: 9645 工日×45（元/工日）=434025（元）

7Z-010 燃气输配管（钢管）埋设深度 1.5m 以内: 13619 工日×45（元/工日）=612855（元）

2. 材料费换价:

序号	规格型号	单位	单价(元)	埋设深度 1m 以内		埋设深度 1.5m 以内（带支挡土板）		备注
				耗用量	合价（元）	耗用量	合价（元）	
1	钢管	t	5800.00	102.67	595486.00	102.67	595486.00	主材耗用量详见附表 1-10、附表 1-12
2	钢制管件	t	12600.00	3.28	41328.00	3.28	41328.00	
3	绝缘接头 JY25 *DN*300	个	1560.00	1.34	2090.40	1.34	2090.40	
4	防腐内胶带	m²	26.00	5511.42	143296.92	5511.42	143296.92	
5	防腐外胶带	m²	28.00	4067.17	113880.76	4067.17	113880.76	
6	镁阳极 MUG-3	kg	38.00	643.20	24441.60	643.20	24441.60	
7	玻璃钢测试桩	个	480.00	5.36	2572.80	5.36	2572.80	
8	长效参比电极	支	670.00	5.36	3591.20	5.36	3591.20	
9	警示带(20#通用型)	km	4200.00	2.89	12138.00	2.89	12138.00	
10	铸铁井座、井盖	套	800.00	1.42	1136.00	1.42	1136.00	
11	混凝土 C20	m^3	280.00	9.06	2536.80	9.06	2536.80	
12	标准砖	千块	260.00	16.91	4396.60	16.91	4396.60	
13	板方材	m^3	1650.00	0.64	1056.00	6.83	11269.50	
14	钢挡土板	t	3600.00			9.49	34164.00	

序号	规格型号		单位	单价(元)	埋设深度 1m 以内				埋设深度 1.5m 以内(带支挡土板)				备注
					套含量	套单价	耗用量	合价（元）	套含量	套单价	耗用量	合价（元）	
15	球阀 *D*300（组）	球阀	个	4600.00	1.00	9460.96	1.42	13434.56	1.00	9460.96	1.42	13434.56	组合数量详见附表 1-15 钢制阀门安装设置取定表（公称直径 *DN*300)
		波纹伸缩器	个	3200.00	1.00				1.00				
		平焊法兰	副	385.00	4.00				4.00				
		螺栓	kg	7.20	16.80				16.80				
16	放空阀 *D*32（组）	球阀	个	165.00	2.00	476.95	1.42	677.27	2.00	476.95	1.42	677.27	
		平焊法兰	副	36.00	4.00				4.00				
		螺栓	kg	7.20	0.41				0.41				
17	压力表（组）	弹簧压力表	个	82.00	1.00	124.00	1.42	176.08	1.00	124.00	1.42	176.08	
		针型阀	个	42.00	1.00				1.00				
合计（元）								962239.00				1006616.00	

$$其他材料费=指标其他材料费\times\frac{调整后的主要材料费}{指标(材料费小计-其他材料费-材料费中措施费分摊)}$$

（1）7Z-001 其他材料费用换算：

$$其他材料费=185963\times\frac{962239}{1130525-76080-185963}=206039(元)$$

（2）7Z-010 其他材料费用换算：

$$其他材料费=221889\times\frac{1006616}{1212868-86282-221889}=246886(元)$$

3. 机械费换价：

序号	规格型号	单位	单价（元）	埋设深度 1m 以内		埋设深度 1.5m 以内（带支挡土板）		备注
				耗用量	合价（元）	耗用量	合价（元）	
1	缠绕机	台班	110.22	74.00	8156.28	74.00	8156.28	机械台班耗用量详见综合指标子目编号 7Z-001、7Z-010
2	直流电焊机 20kW	台班	80.33	273.65	21982.31	273.65	21982.31	
3	超声波探伤机 CTS-26	台班	133.10	7.19	956.99	7.19	956.99	
4	X 光探伤机 TX-2505	台班	167.72	3.91	655.79	3.91	655.79	
5	空压机 $6m^3/min$	台班	126.59	9.05	1145.64	9.05	1145.64	
6	载重汽车 5t	台班	422.64	8.11	3427.61	8.11	3427.61	
7	汽车起重机 5t	台班	482.99	90.29	43609.17	90.29	43609.17	
8	自卸汽车 4.5t	台班	414.97	20.27	8411.44	20.27	8411.44	
9	自卸汽车 4.5t 超运距增加台班	台班	414.97	7.88	3269.96	7.88	3269.96	
	合计（元）				91616.00		91616.00	

$$其他机械费调整系数=\frac{调整后的主要机械费}{指标(机械费小计-其他机械费-机械费中措施费分摊)}$$

$$7Z-001其他机械费调整系数=\frac{91616}{108106-30114-4372}=1.244$$

$$7Z-010其他机械费调整系数=\frac{91616}{108693-30114-4959}=1.244$$

7Z-001 其他机械费调整=30114×1.244=37462（元）

7Z-010 其他机械费调整=30114×1.244=37462（元）

4. 措施费计算：

措施费率为 6%（其中分摊比例：人工费占 8%，材料费占 87%，机械费占 5%），其计算式为：

措施费 = 调整后的（人工费+主材费+其他材料费+机械费+其他机械费）×费率

7Z-001 措施费计算：

措施费 = 调整后的（人工费+主材费+其他材料费+机械费+其他机械费）×6%

=（434025+962239+206039+91616+37462）×6%=103883（元）

其中：人工费中措施费分摊=103883×0.08 = 8311（元）

材料费中措施费分摊=103883×0.87 = 90378（元）

机械费中措施费分摊=103883×0.05 = 5194（元）

7Z-010 措施费计算：

调整后的（人工费+主材费+其他材料费+机械费+其他机械费）×6%

=（612855+1006616+246886+91616+37462）×6%=119726（元）

其中：人工费中措施费分摊=119726×0.08 = 9578（元）

材料费中措施费分摊=119726×0.87 = 104162（元）

机械费中措施费分摊=119726×0.05 = 5986（元）

（三）建筑安装工程直接费小计：

建筑安装工程直接费小计 = 调整后的（人工费小计+材料费小计+机械费小计）

其中：人工费小计 = 调整后的（人工费+人工费中措施费分摊）

材料费小计 = 调整后的（主材费+其他材料费+材料费中措施费分摊）

机械费小计 = 调整后的机械费(机械费+其他机械费+机械费中措施费分摊)

7Z-001 建筑安装工程直接费小计：

建筑安装工程直接费小计=442336+1258656+134272=1835264（元）

其中：人工费小计 = 434025+8311=442336（元）

材料费小计 = 962239+206039+90378=1258656（元）

机械费小计 = 91616+37462+5194=134272（元）

7Z-010 建筑安装工程直接费小计：

建筑安装工程直接费小计=622433+1357664+135064=2115161（元）

其中：人工费小计 = 612855+9578=622433（元）

材料费小计 = 1006616+246886+104162=1357664（元）

机械费小计 = 91616+37462+5986=135064（元）

（四）综合费用计算：

采用综合费用费率为 21.30%。

综合费用 = 建筑安装工程直接费小计×综合费用费率

7Z-001 综合费用计算：1835264×21.3%=390911（元）

7Z-010 综合费用计算：2115161×21.3%=450529（元）

（五）建筑安装工程费合计：

建筑安装工程费合计 = 建筑安装工程直接费小计+综合费用

7Z-001 建筑安装工程费合计：1835264+390911=2226175（元）

7Z-010 建筑安装工程费合计：2115161+450529=2565690（元）

二、设备购置费：

经调查，本设备价格上涨幅度为 5%。

设备工器具购置费 = 原综合指标设备购置费×（1+5%）

7Z-001 设备工器具购置费 = 41234×（1+5%）=43296（元）

7Z-010 设备工器具购置费 = 41234×（1+5%）=43296（元）

三、指标基价计算：

（一）工程建设其他费用：

工程建设其他费用费率为 12%。

工程建设其他费用 = 调整后的（建筑安装工程费+设备工器具购置费）×费率

7Z-001 工程建设其他费用 =（2226175+43296）×12%=272337（元）

7Z-010 工程建设其他费用 =（2565690+43296）×12%=313078（元）

（二）预备费：

基本预备费费率取定为 8%。

基本预备费 = 调整后的（建筑安装工程费+设备工器具购置费+工程建设其他费用）×基本预备费费率

7Z-001 基本预备费 = （2226175+43296+272337）×8%=203345（元）

7Z-010 基本预备费 = （2565690+43296+313078）×8%=233765（元）

（三）调整后的每万 m^3/d 的指标基价：

每万 m^3/d 指标基价 = 调整后的（建筑安装工程费+设备工器具购置费+工程建设其他费用+基本预备费）

7Z-001 调整后的指标基价 = 2226175+43296+272337+203345=2745153（元）

7Z-010 调整后的指标基价 = 2565690+43296+313078+233765=3155829（元）

综合指标应用案例计算表详见下表。

四、建设项目总造价：

建设项目总造价 = 每万 m^3/d 指标总造价×总供气量

= （2745153×12×80%）+（3155829×12×20%）

= 33927459（元）

工程名称： 西北某城市拟敷设燃气管网工程，规划设计供气规模 12 万 m^3/d。

工程特征： 工作压力 $P<0.4MPa$，管顶覆土厚度 1.2m(带支挡土板)，其余顶覆土厚度为 1m 以下。

工程内容： 管沟挖开，回填土方，钢支挡土板搭拆，余土外运，管道基础处理，沟内警示带敷设，施工护栏安装，管道防腐，管道及附件，阴极保护，绝缘接头，测试桩安装，阀门井、调压装置安装，管道探伤、吹扫、试压等。

单位：万 m^3/d

指 标 编 号				7Z-001（换）		7Z-010（换）	
项 目			单位	供 气 规 模（万 m^3/d）			
				20（不带支撑板）	占指标基价（%）	20（带支撑板）	占指标基价（%）
指 标 基 价			元	2745153	100.00	3155829	100.00
一、建筑安装工程费			元	2226175	81.09	2565690	81.30
二、设备购置费			元	43296	1.58	43296	1.37
三、工程建设其他费用			元	272337	9.92	313078	9.92
四、基本预备费			元	203345	7.41	233765	7.41
建筑安装工程费							
直接费	人工费	指标人工	工日	9645	—	13619	—
		措施费分摊	元	8311	—	9578	—
		人工费小计	元	442336	16.11	622433	19.72
	材料费	钢管	t	102.67	—	102.67	—
		钢制管件	t	3.28	—	3.28	—
		球阀 *D*300	组	1.42	—	1.42	—
		放空阀 *D*32	组	1.42	—	1.42	—
		压力表	组	1.42	—	1.42	—
		绝缘接头 JY25 *DN*300	个	1.34	—	1.34	—
		防腐内胶带	m^2	5511.42	—	5511.42	—
		防腐外胶带	m^2	4067.17	—	4067.17	—
		镁阳极 MUG-3	kg	643.20	—	643.20	—
		玻璃钢测试桩	个	5.36	—	5.36	—
		长效参比电极	支	5.36	—	5.36	—
		警示带($20^{\#}$通用型)	km	2.89	—	2.89	—
		铸铁井座、井盖	套	1.42	—	1.42	—
		混凝土 C20	m^3	9.06	—	9.06	—
		标准砖	千块	16.91	—	16.91	—
		板方材	m^3	0.64	—	6.83	—
		钢挡土板	t	—	—	9.49	—
		其他材料费	元	206039	—	246886	—
		措施费分摊	元	90378	—	104162	—
		材料费小计	元	1258656	45.85	1357664	43.02
	机械费	缠绕机	台班	74.00	—	74.00	—
		直流电焊机 20kW	台班	273.65	—	273.65	—
		超声波探伤机 CTS-26	台班	7.19	—	7.19	—
		X 光探伤机 TX-2505	台班	3.91	—	3.91	—
		空压机 $6m^3/min$	台班	9.05	—	9.05	—
		载重汽车 5t	台班	8.11	—	8.11	—
		汽车起重机 5t	台班	90.29	—	90.29	—
		自卸汽车 4.5t	台班	20.27	—	20.27	—
		自卸汽车 4.5t (运距调整机台班)	台班	7.88	—	7.88	—
		其他机械费	元	37462	—	37462	—
		措施费分摊	元	5194	—	5986	—
		机械费小计	元	134272	4.83	135064	4.24
	直接费小计		元	1835264	—	2115161	—
综合费用			元	390911	14.24	450529	14.28
合 计			元	2226175	—	2565690	—

2　分项指标应用案例

例：西南某城市拟敷设一条 *DN*200 钢管中低压燃气管道，管道长度 2500m（含 *DN*200 单阀井 2 座），工作压力 0.4MPa。地质勘探部门提供资料，管沟土质为四类土壤，该施工段部分钢管管顶覆土厚度 1.6m 占该施工段 20%，其余钢管管顶覆土厚度均为 1m 以下。管沟弃土运距 14km。市场价格如下：

1	人工	45 元/工日
2	钢管	5800 元/t
3	钢制管件	12600 元/t
4	型钢(综合)	4200 元/t
5	防腐内胶带	26 元/m^2
6	防腐外胶带	28 元/ m^2
7	煤焦油沥青漆	18.5 元/kg
8	绝缘接头 JY25 *DN*200	708.00 元/个
9	镁阳极 MUG-3	38.00 元/kg
10	玻璃钢测试桩	480.00 元/个
11	长效参比电极	670.00 元/支
12	警示带(20#通用型)	4200 元/km
13	钢筋 ϕ10 以内	3600 元/t
14	铸铁井座、井盖	800 元/套
15	铸铁爬梯	5200 元/t
16	混凝土 C20	280 元/m^3
17	标准砖	260 元/千块
18	球阀 *D*200	2650 元/个
19	波纹伸缩器 ϕ200	2800 元/个
20	平焊法兰 1.6MPa *DN*200	256 元/副
21	球阀 *D*32	165 元/个
22	平焊法兰 1.6MPa *DN*32	36 元/副
23	螺栓	7.2 元/kg
24	弹簧压力表 0~4.0MPa Y-100	82 元/个
25	针型阀 J13W-16 *DN*15	42 元/个
26	缠绕机	110.22 元/台班
27	直流电焊机 20 kW	80.33 元/台班
28	超声波探伤机 CTS-26	133.10 元/台班
29	空压机 6m^3/min	126.59 元/台班
30	试压泵	58.01 元/台班
31	载重汽车 4t	380 元/台班
32	汽车起重机 5t	482.99 元/台班
33	自卸汽车 4.5t	414.97 元/台班

一、分项指标建筑安装工程费计算：

（一）工作压力 $P<0.4$MPa 属中低压，钢管 *DN*200 顶覆土厚度 1m，查本册项指标编号为 7F–003 埋设深度 1m；

工作压力 $P<0.4$MPa 属中低压，钢管 *DN*200 顶覆土厚度 2m，查本册项指标编号为 7F–025 埋设深度 2m。

钢制阀门井 *DN*200 查本册项指标编号为 7F–194。

（二）按该项目工程特征调整分项指标数据：

1. 按第二章说明中"开挖土质不同时调整表"调整人工工日：

（1）查表附表 1-1 土方工程含量表中钢管管沟开挖计算表埋设深度 1m，项目规格 *D*219 管沟开挖体积 $1081m^3$；

土方工程含量表中钢管管沟开挖计算表埋设深度 2m，项目规格 *D*219 管沟开挖体积 $3676m^3$。

（2）查本册第二章说明中"开挖土质不同时换算表" 四类土：28.17 工日/$100m^3$。

故，综合指标：

7F -003 增加人工工日：$1081/100m^3 \times 28.17 = 305$（工日）

7F-025 增加人工工日：$3676/100m^3 \times 28.17 = 1036$（工日）

2. 弃土超运距调增机械台班耗用量：

按第二章说明中六、计算规则 4 序号 3 项目及规格 ϕ219 "每 1km 管道弃土运距不同时调整表(4.5t 自卸车)" 其机械台班调整为：

7F-003 增加 4.5t 自卸车机械台班耗用量：0.67×(14–5) = 6.03（台班）

7F-025 增加 4.5t 自卸车机械台班耗用量：0.67× (14–5) = 6.03（台班）

(三)人工费、材料费、机械费单价换价：

1. 人工费换价：

人工费=综合工×（采用当时当地的）工日单价

7F-003 燃气输配管（钢管）埋设深度 1m 以内：（2644+305）×45=132705（元）

7F-025 燃气输配管（钢管）埋设深度 2m 以内：（5619+1036）×45=299475（元）

7F-194 钢制阀门井 *DN*200：48×45=2160（元）

2. 材料费换价：

（1）燃气输配管（钢管）主材费换价（采用当时当地的主材价）(见下表)：

序号	规格型号	单位	单价	埋设深度 1m 以内		埋设深度 1.5m 以内		备注
				耗用量	合价（元）	耗用量	合价（元）	
1	钢管 *DN*200	t	147.15	1.009	148474.35	1.009	148474.35	主材耗用量取定详见：中低压（钢管）安装工程设置取定附表 1-10，钢质管道阴极工程设置取定附表 1-12
2	钢制管件 *DN*200	kg	12600.00	595.00	7497.00	595.00	7497.00	
3	型钢(综合)	t	4200.00	0.21	882.00	0.21	882.00	
4	防腐内胶带	m^2	26.00	1385.54	36024.04	1385.54	36024.04	
5	防腐外胶带	m^2	28.00	1022.66	28634.48	1022.66	28634.48	
6	煤焦油沥青漆	kg	18.50	368.08	6809.48	1463.91	6809.48	
7	绝缘接头 JY25 *DN*200	个	708.00	0.50	354.00	0.50	354.00	
8	镁阳极 MUG-3	kg	38.00	152.00	5776.00	152.00	5776.00	
9	玻璃钢测试桩	个	480.00	2.00	960.00	2.00	960.00	
10	长效参比电极	支	670.00	2.00	1340.00	2.00	1340.00	
11	警示带(20#通用型)	km	4200.00	1.08	4536.00	1.08	4536.00	
合　　计		元			241287.00		241287.00	

（2）阀井主材费换价（见下表）：

<table>
<tr><th rowspan="2">序号</th><th colspan="2" rowspan="2">规格型号</th><th rowspan="2">单位</th><th rowspan="2">单价（元）</th><th colspan="4">单阀井（阀门公称：直径 200mm）</th><th rowspan="2">备　注</th></tr>
<tr><th colspan="3">耗用量</th><th>合价（元）</th></tr>
<tr><td>1</td><td colspan="2">铸铁井座、井盖</td><td>套</td><td>800.00</td><td colspan="3">1.00</td><td>800.00</td><td rowspan="5">材料耗用量详见附表 1-8 钢制阀井构筑土建设置取定表</td></tr>
<tr><td>2</td><td colspan="2">钢筋 ϕ10 以内</td><td>t</td><td>3600.00</td><td colspan="3">0.05</td><td>180.00</td></tr>
<tr><td>3</td><td colspan="2">铁爬梯</td><td>t</td><td>5200.00</td><td colspan="3">0.03</td><td>156.00</td></tr>
<tr><td>4</td><td colspan="2">标准砖</td><td>千块</td><td>260.00</td><td colspan="3">1.85</td><td>481.00</td></tr>
<tr><td>5</td><td colspan="2">商品混凝土 C20</td><td>m^3</td><td>280.00</td><td colspan="3">0.75</td><td>210.00</td></tr>
<tr><td>序号</td><td colspan="2">规格型号</td><td>单位</td><td>单价（元）</td><td>套含量</td><td>套单价</td><td>耗用量</td><td>合价（元）</td><td rowspan="10">材料组合数量详见附表 1-15 钢制阀井安装设置取定表（公称直径 DN200）</td></tr>
<tr><td rowspan="4">6</td><td rowspan="4">球阀 D200（组）</td><td>球阀</td><td>个</td><td>2650.00</td><td>1.00</td><td rowspan="4">6520.08</td><td rowspan="4">1.00</td><td rowspan="4">6520.08</td></tr>
<tr><td>波纹伸缩器</td><td>个</td><td>2800.00</td><td>1.00</td></tr>
<tr><td>平焊法兰</td><td>副</td><td>256.00</td><td>4.00</td></tr>
<tr><td>螺栓</td><td>kg</td><td>7.20</td><td>6.40</td></tr>
<tr><td rowspan="3">7</td><td rowspan="3">放空阀 D32（组）</td><td>球阀</td><td>个</td><td>165.00</td><td>2.00</td><td rowspan="3">476.95</td><td rowspan="3">1.00</td><td rowspan="3">476.95</td></tr>
<tr><td>平焊法兰</td><td>副</td><td>36.00</td><td>4.00</td></tr>
<tr><td>螺栓</td><td>kg</td><td>7.20</td><td>0.41</td></tr>
<tr><td rowspan="2">8</td><td rowspan="2">压力表（组）</td><td>针型阀</td><td>个</td><td>42.00</td><td>1.00</td><td rowspan="2">124.00</td><td rowspan="2">1.00</td><td rowspan="2">124.00</td></tr>
<tr><td>弹簧压力表</td><td>个</td><td>82.00</td><td>1.00</td></tr>
<tr><td></td><td colspan="2">阀井主材价合计</td><td></td><td></td><td colspan="3"></td><td>8948.00</td><td></td></tr>
</table>

$$\text{其他材料费} = \text{指标其他材料费} \times \frac{\text{调整后的主要材料费}}{\text{指标（材料费小计} - \text{其他材料费} - \text{材料费中措施费分摊）}}$$

7F–003 燃气输配管（钢管）埋设深度 1m 以内：

$$\text{其他材料费}=47510 \times \frac{241287}{280306-47510-19247}=53681(\text{元})$$

7F–025 燃气输配管（钢管）埋设深度 2m 以内：

$$\text{其他材料费}=47738 \times \frac{241287}{285365-47738-24078}=53939(\text{元})$$

7F–194 钢制阀门井 *DN*200：

$$\text{其他材料费}=1158 \times \frac{8948}{8634-1158-517}=1489(\text{元})$$

2. 机械费换价：

序号	规格型号	单位	单价(元)	7F–003		7F–025		7F–194		备注
				埋设深度 1m 以内		埋设深度 2m 以内		钢制阀门井 *DN*200		
				耗用量	合价（元）	耗用量	合价（元）	耗用量	合价（元）	
1	缠绕机	台班	110.22	16.81	2051.19	16.81	2051.19	—	—	机械台班耗用量详见“分项指标”子目编号7F-003、7F-025、7F-194
2	直流电焊机 20kW	台班	80.33	62.73	5039.10	62.73	5039.10	1.00	80.33	
3	超声波探伤机 CTS–26	台班	133.10	1.64	218.28	1.64	218.28	—	—	
4	空压机 $6m^3/min$	台班	126.59	3.14	397.49	3.14	397.49	—	—	
5	载重汽车 4t	台班	422.64	0.63	239.40	0.63	239.40	—	—	
6	汽车起重机 5t	台班	482.99	18.58	8973.95	18.58	8973.95	—	—	
7	自卸汽车 4.5t	台班	414.97	4.98	2066.55	4.98	2066.55	0.21	87.15	
8	自卸汽车 4.5t 运距增加	台班	414.97	6.03	2502.27	6.03	2502.27	—	—	
9	试压泵	台班	58.01	—	—	—	—	0.15	8.70	
合　计		元	—	—	21488.00	—	21488.00	—	176.00	

$$其他机械费调整系数=\frac{调整后的机械费}{指标(机械费小计-其他机械费-机械费中措施费分摊)}$$

$$7F-003其他机械费调整系数=\frac{21488}{26724-9816-1106}=1.36$$

$$7F-025其他机械费调整系数=\frac{21488}{285365-47738-24078}=0.101$$

$$7F-194其他机械费调整系数=\frac{176}{319-141-30}=1.189$$

7F–003 其他机械费调整=9816×1.36=13350（元）

7F–025 其他机械费调整=9816×0.101=991（元）

7F–194 其他机械费调整=141×1.189=168（元）

（四）措施费计算：

措施费率为 6%（其中分摊比例：人工费占 8%，材料费占 87%，机械费占 5%），其计算式为：

措施费 = 调整后的（人工费+主材费+其他材料费+机械费+其他机械费）×费率

7F–003 措施费计算：

调整后的（人工费+主材费+其他材料费+机械费+其他机械费）

=（132705+241287+53681+ 21488+13350）

=462511（元）

措施费 = 462511×0.06 = 27751（元）

其中：人工费中措施费分摊=27751×0.08 = 2220（元）

材料费中措施费分摊=27751×0.87 = 24143（元）

机械费中措施费分摊=27751×0.05 = 1388（元）

7F–025 措施费计算：

调整后的（人工费+主材费+其他材料费+机械费+其他机械费）

=（299475+241287+53939+21488+991）

=617180（元）

措施费 = 617180×0.06 = 37031（元）

其中：人工费中措施费分摊=37031×0.08 = 2962（元）

材料费中措施费分摊=37031×0.87 = 32217（元）

机械费中措施费分摊=37031×0.05 = 1852（元）

7F-194 措施费计算：

调整后的（人工费+主材费+其他材料费+机械费+其他机械费）=（2160+8948+1489+176+168）=12941（元）

措施费 = 12941×0.06 = 776（元）

其中：人工费中措施费分摊=776×0.08 = 62（元）

材料费中措施费分摊=776×0.87 = 675（元）

机械费中措施费分摊=776×0.05 = 39（元）

（五）建筑安装工程直接费小计：

建筑安装工程直接费小计 = 调整后的（人工费+人工费中措施费分摊+主材费+其他材料费+材料费中措施费分摊+机械费+机械费中措施费分摊）

其中：人工费小计 = 调整后的人工费+人工费中措施费分摊

材料费小计 = 调整后的（主材费+其他材料费）+材料费中措施费分摊

机械费小计 = 调整后的机械费+机械费中措施费分摊

7F-003 建筑安装工程直接费小计：

建筑安装工程直接费小计=134925+319111+36226=490262（元）

其中：人工费小计 = 132705+2220=134925（元）

材料费小计 = 241287+53681+24143=319111（元）

机械费小计 = 21488+13350+1388=36226（元）

7F-025 建筑安装工程直接费小计：

建筑安装工程直接费小计=302437+327443+24331=654211（元）

其中：人工费小计 = 299475+2962=302437（元）

材料费小计 = 241287+53939+32217=327443（元）

机械费小计 = 21488+991+1852=24331（元）

7F-194 建筑安装工程直接费小计：

建筑安装工程直接费小计=2222+11112+4383=13717（元）

其中：人工费小计 = 2160+62=2222（元）

材料费小计 = 8948+1489+675=11112（元）

机械费小计 = 176+168+39=383（元）

（六）综合费用计算：

采用综合费用费率为 21.30%。

综合费用 = 建筑安装工程直接费小计×综合费用费率

7F-003 综合费用计算：490262×21.3%=104426（元）

7F-025 综合费用计算：654211×21.3%=139347（元）

7F-194 综合费用计算：13717×21.3%=2922（元）

（七）调整后的分项指标基价：

建筑安装工程费合计 = 建筑安装工程直接费小计+综合费用

7F-003 调整后的分项指标基价：490262+104426=594688（元）

7F-025 调整后的分项指标基价：654211+139347=793558（元）

7F-194 调整后的分项指标基价：13717+2922=16639（元）

分项指标应用案例计算表详见下表。

二、建筑安装工程造价：

建筑安装工程造价 =（每公里建筑安装工程费×总长度）+（阀井建筑安装工程费×座数）

=（594688×2.5×80%）+（793558×2.5×20%）+（16639×2）

= 1619433（元）

工程名称： 西南某城市拟敷设一条 *DN*200 钢管（工作压力 0.4MPa）燃气管道，管道长度 2500m（含阀井 2 座）。

工程特征： 管沟四类土壤，管沟弃土运距 14km。管顶覆土厚度 1.6m，其余钢管顶覆土厚度均为 1m 以下。阀井安装。

工程内容： 管沟、阀井开挖、回填土方，余土外运，沟内警示带敷设，施工护栏安装，管道防腐、补口，管道及附件、阴极保护、绝缘接头、测试桩安装，探伤、试压、吹扫等。阀井砌筑，阀门、补偿器、压力表安装、试压。

指标编号				7F-003（换）		7F-025（换）		7F-194（换）	
项目			单位	钢管公称直径 200mm （单位:km）				单阀井 （单位:座）	
				埋设深度 1m 以内	占指标基价（%）	埋设深度 2m 以内	占指标基价（%）	阀门公称直径 200mm	占指标基价（%）
指标基价			元	594688	100.00	793558	100.00	16639	100.00
一、建筑安装工程费			元	594688	100.00	793558	100.00	16639	100.00
二、设备购置费			元	—	—	—	—	—	—
建筑安装工程费									
直接费	人工费	指标人工	工日	2644	—	5619	—	48	—
		调增人工	工日	305	—	1036	—	—	—
		调增后合计	工日	2949	—	6655	—	48	—
		措施费分摊	元	2220	—	2962	—	62	—
		人工费小计	元	134925	22.69	302437	38.11	2222	13.35
	材料费	钢管	m	1009.00	—	1009.00	—	—	—
		钢管管件	kg	595.00	—	595.00	—	—	—
		防腐内胶带	m^2	1385.54	—	1385.54	—	—	—
		防腐外胶带	m^2	1022.66	—	1022.66	—	—	—
		煤焦油沥青漆	kg	368.08	—	368.08	—	—	—
		镁阳极 MUG-3	kg	152.00	—	152.00	—	—	—
		玻璃钢测试桩	个	2.00	—	2.00	—	—	—
		长效参比电极	支	2.00	—	2.00	—	—	—
		绝缘接头 JY25	个	0.50	—	0.50	—	—	—
		警示带(20#通用型）	m	1080.00	—	1080.00	—	—	—
		型钢（综合）	kg	210.00	—	210.00	—	—	—
		球阀 *DN*200	组	—	—	—	—	1.00	—
		放空阀 *DN*32	组	—	—	—	—	1.00	—
		压力表	组	—	—	—	—	1.00	—
		标准砖	千块	—	—	—	—	1.85	—
		混凝土 C20	m^3	—	—	—	—	0.75	—
		钢筋 ϕ10 以内	t	—	—	—	—	0.05	—
		铸铁爬梯	t	—	—	—	—	0.03	—
		铸铁井座、井盖安装	套	—	—	—	—	1.00	—
		其他材料费	元	53681	—	53939	—	1489	—
		措施费分摊	元	24143	—	32217	—	676	—
		材料费小计	元	319111	53.66	327443	41.26	11112	66.78
	机械费	缠绕机	台班	18.61	—	18.61	—	—	—
		直流电焊机 20kW	台班	62.73	—	62.73	—	1.00	—
		超声波探伤机 CTS-26	台班	1.64	—	1.64	—	—	—
		空压机 $6m^3/min$	台班	3.14	—	3.14	—	—	—
		试压泵	台班	—	—	—	—	0.15	—
		载重汽车 4t	台班	0.63	—	0.63	—	—	—
		自卸汽车 4.5t	台班	4.98	—	4.98	—	0.21	—
		自卸汽车 4.5t 超运距增加	台班	6.03	—	6.03	—	—	—
		汽车起重机 5t	台班	18.58	—	18.58	—	—	—
		其他机械费	元	13350	—	991	—	168	—
		措施费分摊	元	1388	—	1852	—	39	—
		机械费小计	元	36226	5.92	24331	3.07	383	2.30
	直接费小计		元	490262	—	654211	—	13717	—
综合费用			元	104426	17.56	139347	17.56	2922	17.56
合计			元	594688	—	793559	—	16639	—

本册主编单位： 重庆市建设工程造价管理总站

本册主要编写人员： 江　鸿　闫家惠　朱庆十　杨万洪　刘　洁　温鄂生　方远华　闫登兵　傅　煜

综合组成员： 胡传海　徐金泉　王海宏　胡晓丽　白洁如　李艳海　刘　军　刘　智　李永芳　白树华　张东海　龚伟中　王　梅　刘　运　陆勇雄　陈益梁　刘　洁　温鄂生　金春平　吴宏伟　王慧颖　陈建民